U0265349

职业教育智能建造工程技术系列教材

智能建造施工技术

肖明和　张　营　王启玲　主　编
孟凡会　李静文　李　杰　副主编
　　　　　　　　张培明　主　审

中国建筑工业出版社

图书在版编目（CIP）数据

智能建造施工技术/肖明和，张营，王启玲主编；
孟凡会等副主编．—北京：中国建筑工业出版社，
2024.10．—（职业教育智能建造工程技术系列教材）.
ISBN 978-7-112-30380-9

Ⅰ．TU74-39

中国国家版本馆 CIP 数据核字第 2024W6H678 号

本书共分 5 部分，主要内容包括绪论、智能建造施工、智能建造施工应
用案例、智能建造管理、智能建造管理应用案例。本书结合高等职业教育的
特点，立足基本理论的阐述，注重实践技能的培养，按照智能建造施工的主
要应用场景组织教材内容的编写，同时嵌入课程思政相应模块，把无人机测
量、3D 激光扫描技术、3D 打印技术等先进技术融入教材的编写过程中，具
有"实用性、系统性和先进性"的特色。

本书可作为高等职业院校智能建造技术、建筑工程技术、装配式建筑工
程技术、装配式建筑构件智能制造技术、工程造价、建筑智能化工程技术、
建设工程管理及相关专业的教学用书，也可作为本科院校、中职院校、培训
机构师生及土建类工程技术人员的参考用书。

本书提供教师课件，可扫描右侧二维码下载。

责任编辑：李天虹　李　阳
责任校对：张惠雯

职业教育智能建造工程技术系列教材

智能建造施工技术

肖明和　张　营　王启玲　主　编
孟凡会　李静文　李　杰　副主编
张培明　主　审

*

中国建筑工业出版社出版、发行（北京海淀三里河路 9 号）

各地新华书店、建筑书店经销

北京龙达新润科技有限公司制版

北京市密东印刷有限公司印刷

*

开本：787 毫米×1092 毫米　1/16　印张：10¼　字数：253 千字
2024 年 11 月第一版　　2024 年 11 月第一次印刷
定价：**42.00** 元（赠教师课件）

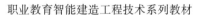

ISBN 978-7-112-30380-9
(43715)

前　言

　　随着我国职业教育事业快速发展，体系建设稳步推进，国家对职业教育越来越重视，并先后发布了《国家职业教育改革实施方案》和《关于推动现代职业教育高质量发展的意见》等文件。同时，随着建筑业的转型升级，"产业转型、人才先行"，国家陆续印发了《住房和城乡建设部等部门关于推动智能建造与建筑工业化协同发展的指导意见》（建市〔2020〕60号）、《住房和城乡建设部关于印发"十四五"建筑业发展规划的通知》（建市〔2022〕11号）等文件，文件中提及要推广数字设计、智能生产和智能施工，大力发展装配式建筑，加快建筑机器人研发和应用，推广绿色建造方式，培育建筑产业工人队伍等。因此，为适应建筑职业教育新形势的需求，编写组深入企业一线，结合企业需求及智能建造发展趋势，结合智能建造技术、装配式建筑工程技术和建筑智能化工程技术等专业的人才培养定位，使工作岗位与培养目标、工程项目与课程内容、工作标准与课程标准、生产过程与教学过程、企业文化与职业素养对接，实现"近距离顶岗、零距离上岗"的培养目标。

　　本书根据高等职业院校土建类专业的人才培养目标、教学计划、智能建造施工技术课程的教学特点和要求，结合智慧建造高水平专业群建设，按照智能建造施工的主要应用场景组织教材内容的编写，同时嵌入课程思政相应模块，理论联系实际，融入无人机测量、3D激光扫描技术、3D打印技术等先进技术，以提高学生的实践应用能力，具有"实用性、系统性和先进性"的特色。

　　本编写组深入学习了党的二十大报告，深入推进党的二十大精神进教材、进课堂、进头脑。正如党的二十大报告提出的，青年强，则国家强。广大青年要坚定不移听党话、跟党走，怀抱梦想又脚踏实地，敢想敢为又善作善成，立志做有理想、敢担当、能吃苦、肯奋斗的新时代好青年，让青春在全面建设社会主义现代化国家的火热实践中绽放绚丽之花。充分发挥教材在提升学生政治素养、职业道德、工匠精神方面的引领作用，创新教材呈现形式，实现"三全育人"。

　　1. 坚持正确政治导向，弘扬劳动工匠风尚。教材以施工员所需的智能建造施工、智能建造管理能力为主线，培养学生能够适应工程建设艰苦行业和一线技术岗位，融入劳动光荣、精益求精和工匠精神培育。

　　2. 实现"岗课赛证"融通，推进"三教"改革。结合施工员岗位技能，"课岗对接"，教材内容对接施工员岗位标准；"课赛融合"，将装配式建筑智能建造技能大赛内容融入教材，以赛促教、以赛促学；"课证融通"，将1+X智能建造设计与集成职业技能等级证书内容融入教材，促进课证互嵌共生、互动共长。

　　3. 创新"互联网+"融媒体，建设立体化教学资源。本教材以纸质教材为基础，建设了"教材+素材库+题库+教学课件+测评系统+名师授课录像+课程思政"的立体化教学资源。围绕"互联网+"，建设动画、微课、教学课件、习题等网络共享资源，读者可通过扫描书中二维码获取；围绕"+课程思政"，挖掘课程思政元素，特别是工程建设所需的家国情怀、工匠精神、劳动风尚等，设置了不同领域的智能建造前沿技术，凸显"精益求精""遵纪守法"。教师和学生可以利用课程资源平台实现自学、训练、解惑、测试等全过程，有效实现线上线下的混合式教学。

本书由济南工程职业技术学院肖明和、张营、王启玲主编，济南工程职业技术学院孟凡会、李静文、李杰副主编；济南工程职业技术学院刘盼盼、王婷婷，济南市城乡建设发展服务中心张茜，山东新之筑信息科技有限公司周忠忍，天元建设集团有限公司杨鸿杰，舜泰检测科技集团有限公司刘涛参编。根据不同专业需求，本课程建议安排 32 学时。本书在编写过程中参考了国内外同类教材和相关的资料，本书全部案例由山东新之筑信息科技有限公司提供，在此一并向原作者表示感谢，并对为本书付出辛勤劳动的编辑同志们及新之筑公司技术人员的大力支持表示衷心的感谢！由于编者水平有限，教材中难免有不足之处，敬请专家、读者批评指正。

目　　录

绪　论

基本概念

0.1　基本概念

　　建筑业作为国民经济的支柱产业，是指专门从事土木工程、房屋建设、设备安装以及工程勘察设计工作的生产部门，其产品表现为各种工厂、矿井、铁路、桥梁、港口、道路、管线、房屋以及公共设施等建筑物和构筑物。随着国家推进建筑产业转型升级的步伐加快，到 2035 年，建筑产业整体优势明显增强，"中国建造"核心竞争力世界领先，建筑工业化全面实现。那么，作为刚刚跨进大学校门并且选择了智能建造技术、建筑工程技术等相关专业的学生来说，想知道什么是"建筑工业化"，"建筑工业化"的发展前景如何，首先需要了解"建筑产业化""建筑工业化""装配式建筑""智能建造"等相关概念。

　　1. 建筑产业化

　　建筑产业化是指整个建筑产业链的产业化，把建筑工业化向前端的产品开发、下游的建筑材料、建筑能源甚至建筑产品的销售延伸，是整个建筑行业在产业链条内资源的更优化配置。建筑产业化运用现代化管理模式，通过标准化的建筑设计以及模数化、工厂化的部品生产，运用信息技术手段，实现建筑构件和部品的通用化和现场施工的装配化、机械化。发展建筑产业化，有利于建筑业在推进新型城镇化、建设美丽中国、实现中华民族伟大复兴的历史进程中，进一步强化和发挥作为国民经济基础产业、民生产业和支柱产业的重要地位，起到带动相关产业链发展的先导和引领作用。

　　2. 建筑工业化

　　建筑工业化是指建筑业从传统的以手工操作为主的小生产方式逐步向社会化大生产方式过渡，即以技术为先导，采用先进、适用的技术和装备，在建筑标准化的基础上，发展建筑构配件、制品和设备的生产，培育技术服务体系和市场的中介机构，使建筑业生产、经营活动逐步走上专业化、社会化道路。

　　3. 装配式建筑

　　装配式建筑是指把传统建造方式中的大量现场作业工作转移到工厂进行，在工厂加工制作好的建筑部品、部件，如楼板、墙板、楼梯、阳台、空调板等，运输到建筑施工现场，通过可靠的连接方式在现场装配安装而成的建筑。装配式建筑主要包括装配式混凝土结构、装配式钢结构及装配式木结构等建筑。装配式建筑采用标准化设计、工厂化生产、装配化施工、一体化装修、信息化管理，是现代工业化生产方式。

　　建筑产业化的核心是建筑工业化。建筑工业化通过"标准化设计、工厂化生产、装配化施工、一体化装修、信息化管理和智能化应用"的方式，改变传统建筑业的生产方式。要想实现建筑产业化，就要先实现建筑工业化；要想实现建筑工业化，就要大力发展装配式建筑，装配式建筑是实现建筑工业化的重要手段，也是未来建筑业的发展方向。

4. 智能建造

丁烈云院士提到，所谓智能建造，是新一代信息技术与工程建造融合形成的工程建造创新模式，即利用以"三化"（数字化、网络化和智能化）和"三算"（算据、算力和算法）为特征的新一代信息技术，在实现工程建造要素资源数字化的基础上，通过规范化建模、网络化交互、可视化认知、高性能计算以及智能化决策支持，实现数字链驱动下的工程立项策划、规划设计、施（加）工生产、运维服务一体化集成与高效率协同，不断拓展工程建造价值链、改造产业结构形态，向用户交付以人为本、绿色可持续的智能化工程产品与服务。

肖绪文院士提到，智能建造是面向工程产品全生命期，实现泛在感知条件下建造生产水平提升和现场作业赋能的高级阶段，是工程立项策划、设计和施工技术与管理的信息感知、传输、积累和系统化过程，是构建基于互联网的工程项目信息化管控平台，在既定的时空范围内通过功能互补的机器人完成各种工艺操作，实现人工智能与建造要求深度融合的一种建造方式。推进智能建造应该着重从 3 个内容着手：一是构建工程建造信息模型（Engineering Information Modeling，简称 EIM）管控平台，EIM 管控平台是针对工程项目建造的全过程、全参与方和全要素的系统化管控而开发的建造过程多源信息自动化管控系统；二是数字化协同设计，利用现代化信息技术对工程项目的工程立项、设计与施工的策划阶段，进行全专业、全过程、全系统协同策划；三是机器人施工，在 EIM 管控平台和建筑信息模型技术的驱动下，机器人代替人完成工程量大、重复作业多、环境危险、体力消耗繁重等情况下的施工作业。

也有学者定义，智能建造是在信息化与建筑工业化深度融合背景下，在传统建造方式基础上，借鉴先进制造技术理念和智能工程管理方法对建筑主体、过程、要素进行科学的解构和分析，融入 BIM、IoT、AI 等先进技术，与新材料、新设备、新工艺结合，不断提升自动化、数字化、智能化水平而形成优质高效新型工程建造方式。

0.2　建筑工业化发展历程

建筑工业化
发展历程

1. 20 世纪 50 年代

20 世纪 50 年代，国家为了经济建设发展，首先向苏联学习工业厂房的标准化设计和预制建造技术，大量的重工业厂房多数采用预制装配的方法进行建设，预制混凝土排架结构发展很好，预制柱、预制薄腹梁、预应力折线形屋架、鱼腹式吊车梁、预制预应力大型屋面板、预制外墙挂板等被大量采用，房屋预制构件产业上升到一个很高的水平，在国家钢材和水泥严重紧缺的情况下，预制技术为国家的工业发展做出了应有的贡献，如图 0-1 所示。

2. 20 世纪 60 年代

20 世纪 60 年代，随着中小预应力构件的发展，出现了大批预制件厂。用于民用建筑的空心板、平板、檩条、挂瓦板，用于工业建筑的屋面板、F 形板、槽形板以及工业与民用建筑均可采用的 V 形折板等成为这些构件厂的主要产品，预制件行业开始形成。

3. 20 世纪 80 年代

20 世纪 80 年代，国家发展重心从生产逐渐向生活过渡，城市住宅的建设需求量不断

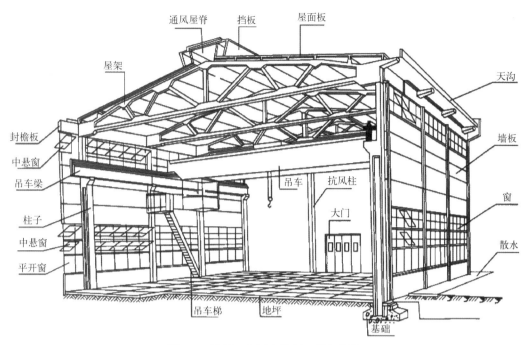

图 0-1　预制工业厂房混凝土排架结构

加大，为了实现快速建设供应，借鉴苏联和欧洲其他国家预制装配式住宅的经验，开始了装配式混凝土大板房的建设，并迅速在北京、沈阳、太原、兰州等大城市进行推广，特别是北京市在短短 10 年内建设了 2000 多万平方米的装配式大板房，装配式结构在民用建筑领域掀起了一次工业化的高潮。但由于当时基础性的保温、防水材料技术比较低，装配式大板房在保温隔热、隔声防水等性能方面普遍存在严重缺陷。

4. 20 世纪 90 年代

20 世纪 90 年代，国家开始实行房改，住宅建设从计划经济时代的政府供给分配方式向市场经济的自由选择方式过渡，住宅建设标准开始多元化，预制构件厂原有的模具难以适应新住宅的户型变化要求，其计划经济的经营特征无法满足市场变化的需求，装配式大板结构几乎全部迅速衰落，被市场淘汰。

5. 21 世纪

进入 21 世纪，随着全社会资源环境危机意识的加强，以及我国特殊的城镇化需求与土地等资源匮乏的现状，2004 年政府提出了发展节能省地型住宅的要求，也即"五节一环保"，并在新版的《住宅建筑规范》《住宅性能评定标准》中做了具体详细的要求。随着我国的经济水平和科技实力不断加强，各行各业的产业化程度不断提高，建筑房地产业得到长足发展，材料水平和装备水平足以支撑建筑生产方式的变革，我国的住宅产业化进入了一个新的发展时期，再加上受到劳动力人口红利逐渐消失的影响，建筑业的工业化转型迫在眉睫，但由于我国预制建筑行业已经停滞了将近 30 年，专业人才存在断档，技术沉淀几近消亡，众多企业和社会力量不得不投入大量人力、财力、物力进行建筑工业化研究，从引进技术到自主研发，不断积极探索，随着《装配式混凝土建筑技术标准》GB/T 51231—2016 等标准实施，我国装配式建筑产业又一次掀起发展的高潮。

3

建筑业转型升级

0.3 建筑业转型升级

建筑业是国民经济的支柱产业，为我国经济持续健康发展提供了有力支撑。但建筑业生产方式依旧比较粗放，与高质量发展要求相比还有很大差距。为推进建筑工业化、数字化、智能化升级，加快建造方式转变，推动建筑业高质量发展，国家先后发布了《住房和城乡建设部等部门关于推动智能建造与建筑工业化协同发展的指导意见》（建市〔2020〕60 号）、《"十四五"建筑业发展规划》（建市〔2022〕11 号）等文件，通过推进智能建造，切实实现建筑业转型升级和提质增效，助力"中国建造"核心竞争力世界领先，迈入智能建造世界强国行列。

1. 实施智能建造试点示范创建行动

在一些城市开展试点，建设一批智能建造示范项目，总结推广可复制政策机制；培育一批智能建造产业基地，加快人才队伍建设；加强基础共性和关键核心技术研发，构建先进适用的智能建造标准体系，加快完善智能建造支持政策；打造科研、设计、生产加工、施工装配、运营等全产业链融合一体的完整的智能建造产业体系，培育智能建造新业态新模式。

2. 加快推进建筑信息模型技术

构建数字设计体系，提高建筑方案创作水平；推进建筑、结构、设备管线、装修等一体化集成设计，完善施工图设计文件编制深度要求，提升精细化设计水平；加快推进建筑信息模型（BIM）技术在工程全寿命期的集成应用，强化设计、生产、施工各环节数字化协同，推动工程建设全过程数字化成果交付和应用，提升建筑品质。

3. 大力发展装配式建筑

培育一批装配式建筑生产基地，建立以标准部品、部件为基础的专业化、规模化、信息化生产体系，完善适用不同建筑类型装配式混凝土建筑结构体系，加强高性能混凝土、高强钢筋和消能减震、预应力技术集成应用。完善钢结构建筑标准体系，推动建立钢结构住宅通用技术体系，以标准化为主线引导上下游产业链协同发展，推动形成完整产业链。积极推进装配化装修方式在商品住房项目中的应用，推广管线分离、一体化装修技术，促进装配化装修与装配式建筑深度融合。大力推广应用装配式建筑，积极推进高品质钢结构住宅建设，鼓励学校、医院等公共建筑优先采用钢结构，提升建筑工业化水平。

4. 打造建筑产业互联网平台

鼓励建筑企业、互联网企业、科研院所等开展合作，打造建筑产业互联网平台等关键基础设施，推广应用钢结构构件智能制造生产线和预制混凝土构件智能生产线。加强物联网、大数据、云计算、人工智能、区块链等新一代信息技术在建筑领域中的融合应用，加强信息共享和供需协调，提升建筑产业链整体效能。

5. 推进建筑机器人典型应用

加强新型传感、智能控制和优化、多机协同、人机协作等机器人核心技术研究，编制关键技术标准，形成一批标志性建筑机器人产品。以钢筋制作安装、模具安拆、混凝土浇筑、钢构件下料焊接、隔墙板和集成厨卫加工等工厂生产关键工艺环节为重点，推进工艺流程数字化和建筑机器人应用；积极推进建筑机器人在生产、施工、维保等环节的典型应用，辅助和替代"危、繁、脏、重"的人工作业。推广智能塔式起重机、智能混凝土泵送设备等智能化工程设备；在材料配送、钢筋加工、喷涂、铺贴地砖、安装隔墙板、高空焊接等现场施工环节，加强建筑机器人和智能控制造楼机等一体化施工设备的应用，提高工程建设机械化、智能化水平。

0.4　未来发展趋势

1. 发展目标

以建设世界建造强国为目标，着力构建市场机制有效、质量安全可控、标准支撑有力、市场主体有活力的现代化建筑业发展体系。到 2035年，建筑工业化、数字化、智能化水平提高，建筑业发展质量和效益大幅提升，建造方式绿色转型成效显著，建筑工业化全面实现，建筑品质显著提升，企业创新能力大幅提高，高素质人才队伍全面建立，产业整体优势明显增强，"中国建造"核心竞争力世界领先，迈入智能建造世界强国行列，全面服务社会主义现代化强国建设。

2. 发展趋势

现有应用智能建造已成为世界建筑业发展的客观趋势，必将为建筑行业带来革命性的变化，发展智能建造是重塑中国建筑业新优势，实现转型升级的必然选择。国家始终致力于以技术创新引领产业升级，注重资源节约、环境友好、可持续发展，智能化、绿色化已成为建筑行业发展的必然趋势。从设计阶段的 BIM 技术到施工阶段的物联网技术、3D 打印技术、人工智能技术，再到运维阶段的云计算技术和大数据技术应用范围越来越大，多种技术的融合应用将成为今后智能建造技术在建筑行业应用的重点。

住房和城乡建设部根据《中华人民共和国国民经济和社会发展第十四个五年规划和2035 年远景目标纲要》关于发展智能建造的部署要求，于 2022 年 11 月 9 日印发《关于公布智能建造试点城市的通知》，北京、深圳、南京等 24 个城市入选智能建造试点城市，积极探索建筑业转型发展的新路径，打造一批智能建造示范项目和智能建造技术应用示范企业。智能化水平的不断提升，大劳务将加速建筑业由大向强转变，走出一条内涵集约式发展新路，为转变"大量建设、大量消耗、大量排放"的城乡建设方式作出积极贡献。

一是建筑信息模型（BIM）、扩展现实（XR）［虚拟现实（VR）、增强现实（AR）、混合现实（MR）的统称］、数字孪生（DT）、空间计算等技术普及应用，建筑项目可以在设计、施工和运维阶段进行更全面、精确和实时的分析、诊断、控制。二是机器人技术将在建筑施工中得到更广泛的应用，如无人挖掘机、无人运土车等，机器人将承担更多的施工任务，如砌砖、混凝土浇筑、钢筋焊接等，从而提高施工效率、质量和安全性。三是人工智能技术将在前期决策、规划设计、生产运输、施工安装、运营维护阶段发挥更重要的作用，通过大数据分析和机器学习算法，可以对建筑项目进行预测、优化和决策支持，促进项目增值。四是智能建造将与智慧城市发展紧密结合，通过智能建造技术，可以实现建筑与城市基础设施的互联互通，优化城市规划、交通管理和资源利用，提升城市的可持续性和智能化水平。五是建筑业与制造业将深度融合，工厂化生产和模块化建造将成为主流，推动智能建造与建筑工业化协同发展，带动全产业链转型升级。

学习启示

建立智能化生产工厂是建筑行业企业未来发展的必然选择。随着新型建筑工业化的快速发展，近年来，大量建筑行业企业已经将预制混凝土构件生产纳入主营业务，据统计，截至 2021 年，全国混凝土预制构件生产企业有 1200 余家，生产线 4000 余条，其中三分之二左右的工厂已经配置了自动化生产线，实现了不同程度的智能化生产。2022 年，住房和城乡建设部印发的《"十四五"住房和城乡建设科技发展规划》《关于征集遴选智能建造试点城市的通知》中，进一步强调了智能建造与新型建筑工业化技术创新的重要性，并鼓励发展数字设计、智能生产、建筑机器人、建筑产业互联网等新产业，打造智能建造产业集群，保障二十大报告中提出的"推动战略性新兴产业融合集群发展，构建新一代信息技术、人工智能、生物技术、新能源、新材料、高端装备、绿色环保等一批新的增长引擎"这一决策部署的落地落实。

小结

通过本部分学习，要求学生掌握建筑产业化、建筑工业化、装配式建筑、智能建造等基本概念，了解中国建筑工业化发展历程；了解智能建造未来发展趋势，熟悉智能建造加快建筑业转型升级重点任务。

习题

1. 简述建筑产业化基本概念。
2. 简述建筑工业化基本概念。
3. 简述装配式建筑基本概念。
4. 简述智能建造基本概念。
5. 简述智能建造如何加快建筑业转型升级。
6. 简述智能建造未来发展趋势。

任务 1 智能建造施工

知识目标

1. 了解智能建造施工的概念、特点。

2. 理解智能建造施工的关键因素。

3. 熟悉智能建造施工机器人的典型应用场景。

4. 掌握智能建造施工机械机具的种类。

能力目标

1. 能够正确选择智能建造施工机械机具。

2. 能够正确选择机器人应用场景。

3. 能够正确把控机器人工作流程。

素质目标

1. 具备创新意识，具有利用智能建造装备不断探索和应用新技术、新方法的潜力。

2. 具备社会责任感和可持续发展意识，将智能建造施工技术应用于绿色和可持续建筑项目。

1.1 智能建造施工概述

建筑智能建造施工是建筑业转型升级的关键环节，在施工过程中，可以充分利用各类智能技术和相关技术，通过应用智能化系统提高施工过程的智能化水平，减少对人的依赖，从而达到提高施工效率和质量的目的。

智能建造施工概述

1. 智能建造施工概念

智能建造施工是指在工程建造过程中运用 BIM 技术、物联网技术、3D 打印技术、人工智能技术等信息化技术方法、手段，最大限度地实现项目自动化、智慧化的工程活动，是建立在高度信息化、工业化和社会化基础上的一种信息融合、全面物联、协同动作的工程建造模式。这些技术的应用不仅可以使各相关技术之间急速融合发展，还可以使设计、生产、施工、管理等环节更加信息化、智能化。目前，这些技术已经广泛应用于建筑工程的全生命周期中，特别是在智能规划与设计、智能装备与施工以及智能设施等模块中发挥了重要作用，为传统施工向智能建造施工的转变提供了合理路径（图 1-1）。

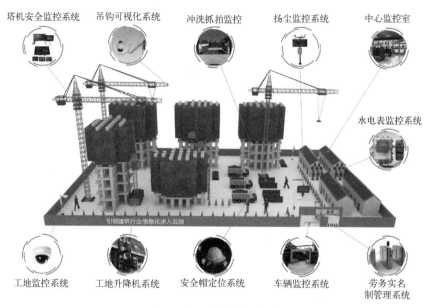

塔机安全监控系统　吊钩可视化系统　冲洗抓拍监控　扬尘监控系统　中心监控室

水电表监控系统

工地监控系统　工地升降机系统　安全帽定位系统　车辆监控系统　劳务实名制管理系统

图 1-1　智能建造施工场景

智能建造施工特点　　　　　　　　　　　　　　　表 1-1

序号	层面		特点
1	技术层面		智能建造施工能够充分集成 BIM、RFID、虚拟现实、传感器网络、可穿戴设备等自动化、机械化、信息化设备,是一种实现信息技术与建造技术充分融合的手段
2	管理层面		智能建造施工能够对建设项目各关系人进行有效协调,从建设项目大数据中提取出有价值的知识,从而支持管理决策,是一种全新的数据导向型建设项目管理模式
3	"四化"层面	专业高效化	以施工现场一线生产活动为立足点,实现信息化技术与生产专业过程深度融合,集成工程项目各类信息,结合前沿工程技术,提供专业化决策与管理支持,真正解决现场的业务问题,提升一线业务工作效能
		数字平台化	通过施工现场全过程、全要素数字化,建立起一个数字虚拟空间,并与实体之间形成映射关系,积累大数据,通过数据分析解决工程实际的技术与管理问题。构建信息集成处理平台,保证数据实时获取和共享,提高现场基于数据的协同工作能力
		在线智能化	实现虚拟与实体的互联互通,实时采集现场数据,为人工智能奠定基础,从而强化数据分析与预测支持。综合运用各种智能分析手段,通过数据挖掘与大数据分析等手段辅助领导进行科学决策和智慧预测
		应用集成化	完成各类软硬件信息技术的集成应用,实现资源的最优配置和应用,满足施工现场变化多端的需求和环境,保证信息化系统的有效性和可行性

2. 智能建造施工特点

智能建造施工是以施工过程的现场管理为出发点,时间上贯穿工程项目全生命周期,空间上覆盖工程项目各情境,借助建筑信息模型(BIM)、云计算、大数据、物联网、人工智能等各类信息技术,对"人、机、料、法、环"等关键因素进行控制管理,形成互联协同、信息共享、安全监测及智能决策平台,共同构建工程项目信息化系统。智能建造施工是人工智能技术在建筑业生产作业过程中的集中体现。其特点如表 1-1 所示。

智能建造施工包括智能设计、智能生产、智能施工、智能运维等环节，其中智能施工又包括"人、机、料、法、环"五大关键因素，如图 1-2 所示。

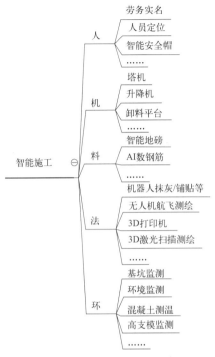

图 1-2 智能施工五大因素

1.2 智能建造施工机械机具

智能建造施工的基础设备主要包括数据采集设备、信息传输设备、数据储存设备和分析运算设备。这些设备和前述的 BIM 协同平台、物联网等关键技术集成为一个完整的系统，共同实现智能施工的功能。部分基础设备如图 1-3～图 1-19 所示。

图 1-3 二代身份证阅读器　　图 1-4 IC 卡及阅读器　　图 1-5 ID 卡读卡器

9

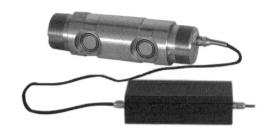

图 1-6 销轴传感器

图 1-7 旁压张力传感器

图 1-8 位移传感器

图 1-9 风速仪

图 1-10 倾角传感器

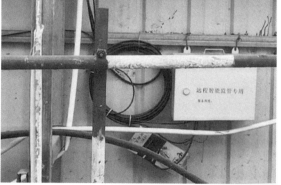

图 1-11 塔机智能设备 5G 基站

图 1-12 超视野监控系统

图 1-13 高度检测模块

图 1-14　全景测距成像硬件设备

图 1-15　智能塔机无人机巡检

图 1-16　高支模变形监测

图 1-17　3D 激光扫描仪

图 1-18　深基坑安全监测

图 1-19　塔机防碰撞监测及吊钩可视化

1.3　智能建造施工机器人

智能建造施工
机器人

1. 机器人特点

智能建造施工机器人是在建筑工地上应用的机器人，能够自动执行一系列建筑任务，如搬运、清洗、喷涂、打磨、切割、焊接、砌砖、BIM 放样、地下管网巡检、安全巡检等。近年来随着装配式建筑的推广与应用，原来的一个施工现场划分为工厂和现场两个施工现场。工厂内机器人应运而生，它们可以按照施工阶段和工艺场景进行分类，包括设计、生产、施工等阶段的建筑机器人。

2. 机器人应用场景

针对不同应用场景：在构件加工厂，会应用到智能钢筋绑扎机器人、智能吊装机器人、自动冲洗机器人、智能喷淋养护机器人等；在施工现场作业区域，会应用到地面抹光机器人、螺杆洞封堵机器人、混凝土内墙面打磨机器人、混凝土顶板打磨机器人等。这些机器人对于精度控制的要求较高，通常以平方米为单位来计量应用的场景面积。常用建筑机器人如图 1-20～图 1-24 所示。

图 1-20　智能钢筋绑扎机器人

图 1-21　智能吊装机器人

图 1-22　自动冲洗机器人

图 1-23　智能喷淋养护机器人

螺杆洞封堵机器人　　　测量机器人　　　智能画线机器人

地坪研磨机器人　　地坪漆涂敷机器人　　打孔机器人　　丝杆支架安装机器人

图 1-24　其他常用机器人

3. 机器人工作流程

在接到工程项目后，项目管理系统利用项目信息（人、料、机信息），一方面应用 BIM 软件生成 BIM 图纸，另一方面在人机协同管理平台生成工单。路径规划系统根据 BIM 图纸提供的模型数据为智能施工机器人拟定运动轨迹。同时机器人控制 APP 与建筑机器人、搬运机器人在工人的参与下，进行任务下发、物料交换等操作。搬运机器人还与物料站进行交互，最后与物料管理系统形成控制闭环，对人、料、机进行综合协同调度。除此之外，工人在施工现场实时记录信息，与从机器人控制 APP 得到的信息一起反馈至协同调度系统，如图 1-25 所示。

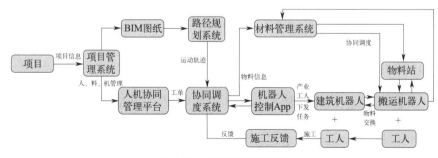

图 1-25　机器人工作流程

4. 智能建造施工机器人应用举例

(1) 墙面喷涂打磨综合机器人 (图 1-26)

墙面喷涂打磨综合机器人，能实现自动找平、打磨、喷涂等功能；利用测量机器人进行实测实量，并实时上传数据到"人机协同管控平台"，对数据分析处理，实现对施工进度、质量、材料消耗、工效等管控；并通过手机或平板电脑等智能终端反馈至相应管理人员及班组，实现闭环管理，在智能建造领域实现了新的突破。墙面喷涂打磨综合机器人一机多用，可通过更换工装夹，实现石膏、腻子、打磨、喷涂等施工工序转换。机器人可系统设置路径规划、自动移动，自由穿梭普通门洞口，既方便通行，又能满足住宅实际施工高度。

图 1-26　墙面喷涂打磨综合机器人

施工前，机器人通过人工控制自行到施工房间，通过激光雷达、视觉识别等传感器对房间进行 3D 扫描、测量，知道自身所在房间的具体位置，以及墙面信息（如墙面宽度、高度、窗户、门框等）。除了自动测量外，机器人也可以直接导入 CAD 图纸获取房间信息，还可直接导入 BIM 图纸。随后，操作员只需在触摸屏上选择从哪面墙开始施工，点击施工按钮即可。

开始施工后，机器人根据自身所在位置自动移动到施工工位，并调节自己与施工墙面的前后左右距离及平行角度。紧接着，机器人会根据前期测量的墙面高度、长度，自动识别施工起始位，从下往上喷涂施工。机器人的腻子、乳胶漆喷涂方式均采用覆盖喷涂，每次覆盖一部分，以保证喷涂均匀。如遇到房间阴阳角，机器人会自动测量角度并调节喷涂角度，保证喷涂无死角。同时，机器人的喷涂厚度可根据施工要求，进行 1～5mm 的设定。石膏、腻子、乳胶漆施工每分钟不低于 $2m^2$，综合效率是人工的 15～20 倍（图 1-27）。

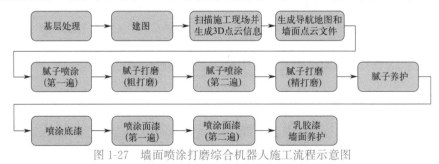

图 1-27　墙面喷涂打磨综合机器人施工流程示意图

(2) 安全巡检机器人 (图 1-28)

安全巡检机器人能对施工现场的各个区域进行自动安全巡检，具体执行以下工作任务：

① 场地建图：安全巡检机器人入场前需使用机械狗对场地进行扫描和建图。

② 规划路线：建图完成后，在场地中规划巡检路线及各点位停留时间。

③ 执行任务：巡检路线规划完毕后，即可执行巡检任务。

④ 温湿度采集：机器人巡检过程中可进行温湿度采集。

⑤ 烟雾监测：机器人对所在环境中的烟雾进行实时监测，为监控中心提供实时感知数据。

⑥ 气体监测：机器人对所在环境中的特殊气体环境进行实时监测，为监控中心提供实时数据。

图 1-28　安全巡检机器人

⑦ 安全预警：通过激光传感器对远距离物体进行监测，实现机器人安全预警并按照指定程序进行安全规避运动。

学习启示

　　智能建造施工是工程建设领域的创新模式，这种模式实现了工程要素资源的数字化，通过规范化建模、网络化交互、可视化认知、高性能计算以及智能化决策支持，实现了数字链驱动下的立项策划、规划设计、施工生产等环节的高效协同。智能建造施工的发展前景十分广阔，到 2025 年，我国智能建造与建筑工业化协同发展的政策体系和产业体系基本建立，建筑工业化、数字化、智能化水平显著提高；到 2035 年，我国智能建造与建筑工业化协同发展取得显著进展，企业创新能力大幅提升，产业整体优势明显增强，"中国建造"核心竞争力世界领先，迈入智能建造世界强国行列。因此，我们要积极推进工程建设行业的数字化转型，大力发展和应用新一代信息技术，以提高工程建设的效率和质量，降低能源资源消耗及污染排放，实现建筑业的可持续发展。

小结

　　智能建造施工的关键技术主要包括 BIM 技术、物联网技术、信息传输与处理技术、智能分析等相关技术；智能建造施工的基础设备主要包括数据采集设备、信息传输设备、数据储存设备和分析运算设备；智能建造施工机器人包括智能钢筋绑扎机器人、智能吊装机器人、自动冲洗机器人、智能喷淋养护机器人等。智能建造已列入"十四五"建筑业发展规划，相关标准及政策已陆续发布，智能建造的发展应用前景广阔。

习题

1. 简述智能建造施工的概念。

2. 简述智能建造施工的特点。

3. 智能建造包括哪些环节？

4. 智能建造施工的基础设备包括哪些？

5. 简述智能建造施工机器人的工作流程。

6. 智能建造施工机器人有哪些应用场景？

任务 2　智能建造施工应用案例

学习目标

知识目标

1. 掌握实测实量的方法与标准。

2. 掌握无人机测量的特点、分类方式及测量流程。

3. 熟悉地面式激光扫描点云数据采集的工作流程，掌握点云数据的处理与应用。

4. 掌握喷涂机器人的使用方法及异常情况下的处置方法。

5. 掌握智能砌筑的方法和标准。

6. 掌握混凝土 3D 打印施工流程和质量检查。

能力目标

1. 能够进行智能实测实量的数据分析和异常工况处置。

2. 能够进行比例尺精度、航高、航线间隔宽度计算及像控点布设。

3. 能够利用典型的软件进行三维激光扫描点云数据的处理与应用。

4. 能够操作使用喷涂机器人及对机器人进行保养。

5. 能够正确使用砌筑施工机器人及对异常工况进行处置。

6. 能够按照设计要求完成建筑构件打印及处理打印过程中的常见工况。

素质目标

1. 具备创新意识、安全意识、规范意识，具备良好的人际交往能力、团队合作精神、客户服务意识和职业道德。

2. 具备社会责任感和可持续发展意识，具有健康的体魄、良好的心理素质和艺术素养。

2.1　智能实测实量应用案例

智能实测实量-
基础知识

2.1.1　基础知识

1. 实测实量概述

（1）基本概念

实测实量是指应用测量工具，如尺、秤、量杯、温度计、压力计以及电子、量子、光学仪器等工具通过实际测试、丈量而得到能真实反映物体属性的相关数据的一种方法，工程中指根据相关质量验收规范，通过工程质量测量仪器，把工程质量真实反映出来的一种方法。随着人们质量意识的提高，市场对建筑工程质量的要求越来越高，越来越多的企业采用实测实量的方法来进行建筑工程质量控制。以往的施工质量控制的面比较宽泛，大多限于结构实体的观感质量和质量通病问题的一般防治方法。工程实测实量的控制方法将建

筑工程施工质量控制提升到用数据反映质量的层次，并辅以相关施工方案和工艺方法作指导，从根本上保证工程的施工质量。

（2）目的和取样原则

实测实量的目的，一是通过定期评估，识别并消除项目风险；二是通过对质量缺陷和管理风险的整改措施的跟踪和落实，持续提升工程质量标准和观感，消除客户投诉隐患。实测实量的取样原则如表 2-1 所示。

实测实量的取样原则   表 2-1

序号	名称	取样原则
1	随机原则	各实测取样的楼栋、楼层、房间、测点等，必须结合当前各标段的施工进度，通过图纸或随机抽样事前确定
2	真实原则	测量数据应反映项目的真实质量，避免为了片面提高实测指标，过度修补或做表面文章，实测取点时应规避相应部位，并对修补方案合理性进行检查
3	完整原则	同一分部工程内所有分项实测指标，根据现场情况，具备条件的必须全部进行实测，不能有遗漏
4	效率原则	在选取实测套房时，要充分考虑各分部分项的实测指标的可测性，使一套房包括尽可能多的实测指标，以提高实测效率
5	可追溯原则	对实测实量的各项目标段结构层或房间的具体楼栋号和房号做好书面记录并存档

（3）基础质量控制指标

实测实量的基础质量控制包括混凝土工程、砌筑工程、抹灰工程、涂饰工程、墙面饰面砖工程和地面饰面砖工程，具体指标如表 2-2 所示。

实测实量基础质量控制指标   表 2-2

序号	名称	基础质量控制指标
1	混凝土工程	截面尺寸偏差、表面平整度、垂直度、顶板水平度极差、梁底水平度极差、施工控制线偏差、轴线控制偏差
2	砌筑工程	表面平整度、垂直度、方正度
3	抹灰工程	墙体表面平整度、墙面垂直度、地面表面平整度、室内净高偏差、顶板水平度极差、阴阳角方正、地面水平度极差、方正度、房间开间/进深偏差
4	涂饰工程	墙面表面平整度、墙面垂直度、阴阳角方正、顶棚（吊顶）水平度极差
5	墙面饰面砖工程	表面平整度、垂直度、阴阳角方正、接缝高低差
6	地面饰面砖工程	表面平整度、接缝高低差

知识链接

2020 年 7 月 3 日，住房和城乡建设部等十三个部门联合印发《关于推动智能建造与建筑工业化协同发展的指导意见》，智能建造已成为建筑行业发展的主要方向。2022 年 5 月 25 日，住房和城乡建设部印发《关于征集遴选智能建造试点城市的通知》，决定征集遴选部分城市开展智能建造试点，推动建筑业向数字设计、智能施工、建筑机器人等方向转型，通过打造智能建造产业集群，催生一批新产业、新业态和新模式。

随着建筑行业的不断发展，传统的施工方式将被数字化管理方式取代。工程测量作为

建筑施工中的重要环节，对工程质量和进度都有着重要的影响。为了解决传统实测实量测试人员多、测试时间长、测试工具烦琐、信息化率低和数据管理不便利的问题，采用科技技术改革原有实测实量工具，研发推出了智能数字靠尺、数显卷尺、数字回弹仪等智能实训设备，智能实测实量原理如图 2-1 所示。

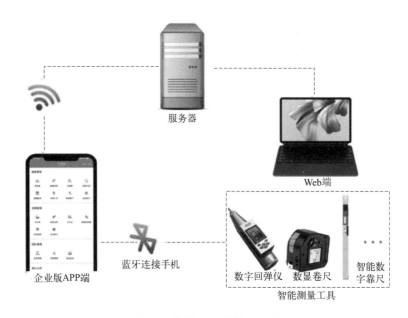

服务器

Web端

蓝牙连接手机

企业版APP端

数字回弹仪　数显卷尺　智能数字靠尺

智能测量工具

图 2-1　智能实测实量原理图

2. 表面平整度智能测量

下面以混凝土结构工程为例，阐述表面平整度的智能测量。

（1）指标说明：反映层高范围内剪力墙、混凝土柱表面平整程度。

（2）合格标准：[0，8] mm

（3）测量工具：智能数字靠尺

① 工作原理：智能数字靠尺，是一款利用数字式角度传感器和多项现代技术研制而成的智能化数字靠尺。智能数字靠尺通过数字式角度传感器，感知定位物体位置，将变化的位置信号传递给单片机，单片机将其转换为数字信号，传递给显示屏，如图 2-2 所示。

数字式角度传感器利用角度变化来定位物体位置。角度传感器用来检测角度，它的身体中有一个孔，可以配合乐高的轴。当连接到 RCX 上时，轴每转过 1/16 圈，角度传感器就会计数一次。往一个方向转动时，计数增加；转动方向改变时，计数减少。计数与角度传感器的初始位置有关，当初始化角度传感器时，它的计数值被设置为 0。

② 测量特点：具有测量绝对角度、相对角度、斜度、水平度、坡度和垂直度，可数字显示，自校准等功能特点，操作方便，可用于现代建设工程施工、监理、质检和验收中水平度、垂直度和坡度的检测。

（4）测量方法和数据记录

表面平整度测量如图 2-3 所示，其测量方法和数据记录如表 2-3 所示。

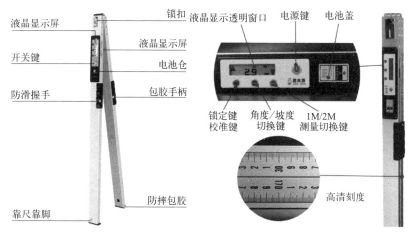

图 2-2　智能数字靠尺

测量方法和数据记录　　　　　　　　　　　　　　　　　　　　　　表 2-3

序号	测量部位	测量方法和数据记录
1	剪力墙/暗柱	(1)选取长边墙,任选长边墙两面中的一面作为 1 个实测区。 (2)累计实测实量 15 个实测区和 60 个测点进行计算,单个实测区的合格率为合格点数与测量总点数的比值
2	当所选墙长度小于 3m 时	(1)同一面墙 4 个角(顶部及根部)中取左上及右下 2 个角,按 45°角斜放靠尺,累计测 2 次表面平整度。 (2)墙长度中间距地面 20cm 处水平放靠尺测 1 次表面平整度。 (3)跨洞口部位必测。 (4)这 3 个实测值分别作为判断该指标合格率的 3 个计算点
3	当所选墙长度大于 3m 时	除按 45°角斜放靠尺测量 2 次表面平整度,还需在墙长度中间位置水平放靠尺测量 1 次表面平整度,这 3 个实测值分别作为判断该指标合格率的 3 个计算点
4	跨洞口部位	(1)跨洞口部位必测。 (2)实测时在洞口 45°斜交叉测 1 次表面平整度,该实测值作为新增实测指标合格率的 1 个计算点
5	混凝土柱	可以不测表面平整度

（5）测量流程

测量流程共分 11 步,如表 2-4 所示。

测量流程一览表　　　　　　　　　　　　　　　　　　　　　　表 2-4

序号	流程步骤	流程内容
1	流程一	检查智能设备是否完备
2	流程二	打开智能靠尺电源
3	流程三	通过蓝牙无线传输连接到移动端
4	流程四	移动端依据图纸选择测量点位、设置测量任务以及测量标准
5	流程五	智能数字靠尺切换到平整度测量模式
6	流程六	校正智能数字靠尺
7	流程七	将智能数字靠尺依据测量标准放置到测量位置,进行测量
8	流程八	将测量数据锁定并上传到移动端
9	流程九	移动端自动计算该实测区平整度合格率
10	流程十	将该测区的平整度实测值上墙
11	流程十一	测量任务完成后,将智能设备关机并复位,清理任务产生的垃圾

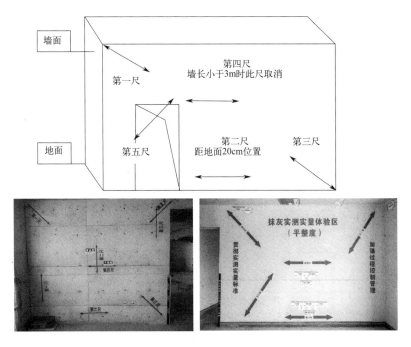

图 2-3　表面平整度测量示意图

3. 垂直度智能测量

下面以混凝土结构工程为例，阐述垂直度的智能测量。

（1）指标说明：反映层高范围内剪力墙、混凝土柱表面垂直的程度。

（2）合格标准：[0，8] mm

（3）测量工具：智能数字靠尺

智能数字靠尺基本组成及工作原理详见表面平整度部分。

（4）测量方法和数据记录

垂直度测量如图 2-4 所示，其测量方法和数据记录如表 2-5 所示。

测量方法和数据记录　　　　　　　　　　　　　　　　　　　表 2-5

序号	测量部位	测量方法和数据记录
1	剪力墙	（1）任取长边墙的一面作为 1 个实测区。 （2）累计实测实量 15 个实测区和 45 个测点作为计算点，单个实测区的合格率为合格点数与测量总点数的比值
2	当墙长度 小于 3m 时	（1）同一面墙距两端头竖向阴阳角 30cm 位置，分别按以下原则实测 2 次： ①靠尺顶端接触到上部混凝土顶板位置时测 1 次垂直度； ②靠尺底端接触到下部地面位置时测 1 次垂直度，混凝土墙体洞口一侧为垂直度必测部位。 （2）这 2 个实测值分别作为判断该实测指标合格率的 2 个计算点
3	当墙长度 大于 3m 时	（1）同一面墙距两端头竖向阴阳角 30cm 和墙中间位置，分别按以下原则实测 3 次： ①靠尺顶端接触到上部混凝土顶板位置时测 1 次垂直度； ②靠尺底端接触到下部地面位置时测 1 次垂直度； ③墙长度中间位置靠尺基本在高度方向居中时测 1 次垂直度，混凝土墙体洞口一侧为垂直度必测部位。 （2）这 3 个实测值分别作为判断该实测指标合格率的 3 个计算点

续表

序号	测量部位	测量方法和数据记录
4	混凝土柱	(1)任选混凝土柱四面中的两面,分别将靠尺顶端接触到上部混凝土顶板和下部地面位置时各测 1 次垂直度。 (2)这 2 个实测值分别作为判断该实测指标合格率的 2 个计算点

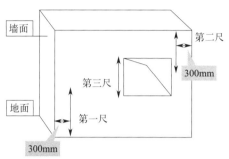

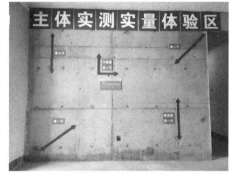 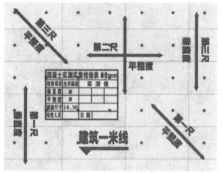

图 2-4　垂直度测量示意图

（5）测量流程

测量流程共分 11 步,如表 2-6 所示。

测量流程一览表

表 2-6

序号	流程步骤	流程内容
1	流程一	检查智能设备是否完备
2	流程二	打开智能靠尺电源
3	流程三	通过蓝牙无线传输连接到移动端
4	流程四	移动端依据图纸选择测量点位、设置测量任务以及测量标准
5	流程五	智能数字靠尺切换到垂直度测量模式
6	流程六	校正智能数字靠尺
7	流程七	将智能数字靠尺依据测量标准放到测量位置,进行测量
8	流程八	将测量数据锁定并上传到移动端
9	流程九	移动端自动计算该实测区垂直度合格率
10	流程十	将该测区的垂直度实测值上墙
11	流程十一	测量任务完成后,将智能设备关机并复位,清理任务产生的垃圾

4. 截面尺寸偏差智能测量

下面以混凝土结构工程为例,阐述截面尺寸偏差的智能测量。

（1）指标说明:反映层高范围内剪力墙、混凝土柱施工尺寸与设计图尺寸的偏差。

（2）合格标准:[-5,8] mm

（3）测量工具：数显卷尺

①工作原理：数显卷尺（激光测距仪），是一款集成传统卷尺、数显和激光测量三合一的激光测距仪。激光测距仪是利用调制激光的某个参数对目标的距离进行准确测定的仪器。脉冲式激光测距仪是在工作时向目标射出一束或一序列短暂的脉冲激光束，由光电元件接收目标反射的激光束，计时器测定激光束从发射到接收的时间，计算出从测距仪到目标的距离。

②测量特点：数显卷尺集成 5m 专业级卷尺，可将卷尺测量数据实时显示在屏幕上；还拥有面积、体积、一次勾股和二次勾股测量功能，远距离测量更有效，适应多种测量场景，50 组历史数据存储，测量数据不怕丢失，如图 2-5 所示。

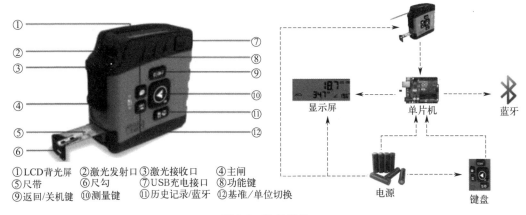

①LCD背光屏　②激光发射口　③激光接收口　④主闸
⑤尺带　⑥尺勾　⑦USB充电接口　⑧功能键
⑨返回/关机键　⑩测量键　⑪历史记录/蓝牙　⑫基准/单位切换

图 2-5　数显卷尺

（4）测量方法和数据记录

① 以钢卷尺测量同一面墙/柱截面尺寸，精确至毫米。

② 同一面墙/柱作为 1 个实测区，累计实测实量 15 个实测区，单个实测区的合格率为合格点数与测量总点数的比值。每个实测区从地面向上 300mm 和 1200mm 各测量截面尺寸 1 次，选取其中与设计尺寸偏差最大的数，作为判断该实测指标合格率的 1 个计算点，如图 2-6 所示。

（5）测量流程

测量流程共分 10 步，如表 2-7 所示。

测量流程一览表　　　　　　　　　　　　　　　　　　　表 2-7

序号	流程步骤	流程内容
1	流程一	检查智能设备是否完备
2	流程二	打开数显卷尺电源
3	流程三	通过蓝牙无线传输连接到移动端
4	流程四	移动端依据图纸选择测量点位、设置测量任务以及测量标准
5	流程五	校正数显卷尺
6	流程六	将数显卷尺依据测量标准放置到测量位置，进行测量
7	流程七	将测量数据锁定并上传到移动端
8	流程八	移动端自动计算该实测区截面尺寸偏差合格率
9	流程九	将该测区的截面尺寸偏差实测值上墙
10	流程十	测量任务完成后，将智能设备关机并复位，清理任务产生的垃圾

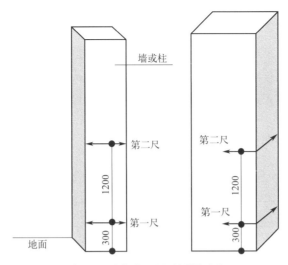

图 2-6　墙柱截面尺寸测量示意

5. 混凝土强度智能测量

下面以混凝土结构工程为例，阐述混凝土强度的智能测量。

（1）指标说明：反映该处混凝土强度。

（2）合格标准（泵送 C30）：$f_{cu,k} \geqslant 34.2\text{MPa}$

（3）测量工具：数字回弹仪（图 2-7）

① 工作原理：数字回弹仪的基本原理是用弹簧驱动重锤，以恒定的动能撞击与混凝土表面垂直接触的弹击杆，使局部混凝土发生变形并吸收一部分能量，另一部分能量转化为重锤的反弹动能，当反弹动能全部转化成势能时，重锤反弹达到最大距离，仪器将重锤的最大反弹距离以回弹值（最大反弹距离与弹簧初始长度之比）的形式显示出来。

② 测量特点：数字回弹仪又称数显回弹仪或数字式回弹仪，适用于各类建筑工程中普通混凝土抗压强度的无损检测，能即时获得被抽检混凝土结构抗压强度的检测结果。在工程质量检测机构开展工程实物质量现场检测时，能更加体现检测的公正性、科学性和准确性，极大地提高检测、数据处理与检验报告编制的工作效率。

 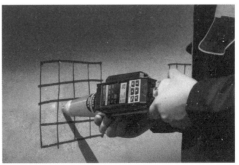

图 2-7　数字回弹仪

 知识链接

数字回弹传感器：把回弹数据采样、校准以及采样控制功能集成到回弹传感器中，通过数据通信实现与回弹仪主机的数据交换，使数字回弹传感器成为独立于回弹仪主机的智能化数字系统，从而真正实现传感器可直接互换与单独检定。

（4）测量方法和数据记录

测量方法和数据记录如表2-8所示。

测量方法和数据记录 表2-8

序号	测量要素	测量方法和数据记录
1	一般构件测区	一般构件测区不小于10个，每个测区采16个回弹值
2	相邻两测区	相邻两测区的间距不应大于2m，测区离构件端部或施工缝边缘不宜大于0.5m且不宜小于0.2m
3	测区面积	测区面积不宜大于0.04m^2
4	测区表面	测区表面应为混凝土原浆面，并应清洁平整，不应有疏松层、浮浆、油垢、涂层、蜂窝、麻面等
5	弹击杆	弹击杆应垂直于被测构件表面，回弹值采样完成后，应选取有代表性的测区进行碳化深度测量，测点数不应小于构件测区数的30%
6	回弹值	测出的16个回弹值剔除3个最大值和3个最小值，取中间10个回弹值的平均值
7	强度换算值	根据平均回弹值和平均碳化值查阅《回弹法检测混凝土抗压强度技术规程》JGJ/T 23—2011中混凝土强度换算表，得出该测区的强度换算值
8	合格率	合格测区与总测区的比值为该实测构件的合格率

（5）测量流程

测量流程共分10步，如表2-9所示。

测量流程一览表 表2-9

序号	流程步骤	流程内容
1	流程一	检查智能设备是否完备
2	流程二	打开数字回弹仪电源
3	流程三	通过蓝牙无线传输连接到移动端
4	流程四	移动端选择率定功能，开始率定，率定值实时上传至移动端，率定值在80±2则为合格
5	流程五	移动端依据图纸选择测量点位，设置测量任务、测量标准和碳化深度值
6	流程六	将数字回弹仪依据测量标准放置到测量位置，进行测量
7	流程七	测量数据实时上传到移动端
8	流程八	移动端自动计算该实测区混凝土强度合格率
9	流程九	将该测区混凝土强度实测值上墙
10	流程十	测量任务完成后，将智能设备关机并复位，清理任务产生的垃圾

2.1.2　应用案例

下面以某现浇混凝土结构工程为例，完成某结构部分实测实量实训任务。

智能实测实量-
应用案例

1. 任务书（表 2-10）

某结构部分实测实量实训任务书　　　　表 2-10

任务背景	本实训案例为现浇混凝土结构工程,已完成主体结构施工,现对图纸标注位置的实测实量的相关指标进行自检,自检内容详见任务描述
任务描述	使用智能数字靠尺、数显卷尺和数字回弹仪完成图纸标注位置的表面平整度、垂直度、截面尺寸偏差和混凝土强度实测实量指标的检测并填写相关记录
任务要求	学生需根据不同的实测实量工作选择相应的智能实测实量工具,完成任务描述中所述的工作任务
任务目标	(1)掌握混凝土结构工程实测实量的验收内容及验收标准。 (2)了解各智能实测实量工具的部件组成、功能划分、使用方法及操作规范
任务场景	满足表面平整度、垂直度、截面尺寸偏差和混凝土强度指标的检测,测量目标应为不带洞口且长度不大于 3m 的墙,平面布置示意图如下图所示

2. 获取资讯

了解任务要求，收集实测实量工作过程资料，了解智能实测实量工具使用原理，学习操作智能实测实量工具使用说明书，按照实测实量智能管理系统操作，掌握智能实测实量技术应用。

引导问题 1：实测实量的取样原则是什么？

引导问题 2：实测实量的基础质量控制指标包括哪些？

引导问题3：在实测实量中表面平整度、垂直度、截面尺寸偏差、混凝土强度检测采用什么智能测量工具？

引导问题4：智能数字靠尺的工作原理是什么？

引导问题5：实测实量自检工作开始前，需进行的准备工作包括（　　）。
A. 个人防护用品佩戴　　　　　　　B. 室内工作不需要佩戴防护用品
C. 确认测量位置　　　　　　　　　D. 智能设备的校正与调试
E. 通知监理单位旁站监督　　　　　F. 随机抽取测量位置

3. 工作计划

按照收集的资讯制定混凝土结构工程实测实量任务实施方案，完成表2-11。

混凝土结构工程实测实量任务实施方案　　　　　　　　表2-11

步骤	工作内容	负责人

4. 工作实施

（1）根据图纸，选择测量场景

（2）测量前准备工作记录（表2-12）

实测实量准备工作记录表　　　　　　　　表 2-12

类别	检查项	检查结果
设备检查	设备外观完好	
	正常开关机	
	设备电量满足使用时间	
	正常连接移动端	
	设备校正正常	
	设备在维保期限内	
个人防护	安全帽佩戴	
	工作服穿戴	
	劳保鞋穿戴	
环境检查	场地满足测量条件	
	施工垃圾清理	

（3）测量数据记录（表 2-13～表 2-16）

主体结构（墙、柱混凝土）墙面平整度实测实量记录表　　　表 2-13

建设单位		监理单位			
施工单位		实测日期			
实测区编号	墙/柱平整度允许值/mm	实测值			
实测人员					

主体结构（墙、柱混凝土）墙面垂直度实测实量记录表　　　表 2-14

建设单位		监理单位			
施工单位		实测日期			
实测区编号	墙/柱垂直度允许值/mm	实测值			
实测人员					

主体结构（墙、柱混凝土）截面尺寸实测实量记录表   表 2-15

建设单位			监理单位				
施工单位			实测日期				
实测区编号	截面尺寸允许值/mm		实测值				
实测人员							

回弹法测试记录表   表 2-16

环境温度			设计等级							
实测编号			委托编号							
构件名称			浇筑日期							
测区	原始回弹值								平均回弹值	碳化平均值
测试面状况										
实测人员			实测日期							

（4）工完料清、设备维护记录（表 2-17）

实测实量工完料清、设备维护记录表   表 2-17

序号	检查项	检查结果
设备维护	关闭设备电源	
	清理使用过程中造成的污垢、灰尘	
	设备外观完好	
	拆解设备，收纳保存	
施工环境	施工垃圾清理	

2.2　无人机测量应用案例

2.2.1　基础知识

1. 无人机概述

（1）基本概念

无人机是无人驾驶航空器（Unmanned Aerial Vehicle）的简称，是利用无线电遥控设备和自备的程序控制装置操纵的不载人飞机，包括无人直升机、固定翼机、多旋翼飞行器、无人飞艇、无人伞翼机等。

无人机可以在无人驾驶的条件下完成复杂空中飞行任务和各种负载任务，被称为"空中机器人"。按照不同平台构型来分类，无人机主要有固定翼无人机、无人直升机和多旋翼无人机三大平台。

（2）无人机发展历程（表2-18）

无人机发展历程　　　　　　　　　　　　　　　　表 2-18

序号	时间	发展情况
1	1914 年	当时英国的两位将军提出了研制一种不用人驾驶,而用无线电操纵的小型飞机,使它能够飞到某一目标区上空,投下事先装在其上的炸弹的想法。虽然这个实验最终以失败告终,但为无人机的诞生积累了宝贵的经验
2	1917 年	美国发明了第一台自动陀螺稳定仪,研制出配置了自动陀螺稳定仪的无人飞行器——"斯佩里空中鱼雷",从此无人飞行器诞生。虽然空中鱼雷的使用范围很受限制,但为无人机的发展奠定了基础
3	1935 年	"蜂王号"无人机的问世才算是无人机时代的真正开始,其可以说是无人机史上的开山始祖。无人机的使用价值不断增加,主要被用于各大战场执行侦察任务。但由于当时无人机动力较小,机载设备侦察精度不足,通信设备无法完成远距离通信,导致其无法完成更多的任务,用途主要是靶机和自杀式无人机,因此在后来逐渐被淘汰
4	20 世纪 50 年代后期	在苏联的帮助下,中国开始进行无人机研究,但由于研究期间苏联研发力量的撤离,中国无人机转为自主研究,到 1966 年 12 月,中国研制的第一架无人机"长空一号"首飞成功
5	1982 年	以色列首创无人机与有人机协同作战,无人机的价值逐步被挖掘
6	1986 年	美国的"先锋 RQ-2A"无人机是美国海军首批进入舰队的侦察无人机之一,执行了美国海军侦察、监视并获取目标等各种任务。这套无人定位系统的成本很少,满足了当时美国低价开展无人获取目标的要求,并首次投入实战
7	1994 年	通用原子公司制造了 MQ 捕食者无人机。捕食者的升级版能够将完全侦察用途的飞机改造成用于携带武器并攻击目标的无人机
8	20 世纪 80 年代后	随着科技的不断进步和研发经验的积累,无人机的性能和功能不断完善和提升,开始逐步渗透至民用领域,首先进入政府主导的监测、科研等领域,以及商业化的农业应用等领域。近年来,随着以"大疆"为首的民用无人机品牌协同促进整个摄影行业的发展,民用无人机作为航拍设备更是走进了家家户户

（3）无人机分类

①按飞行平台构型分类（表2-19）

无人机按飞行平台构型分类的各种类型　　　　表 2-19

序号	无人机类型	原理和特点	应用领域
1	固定翼无人机	(1)固定翼无人机通过固定在机身上的机翼,与来流的空气发生相对运动产生升力。 (2)固定翼无人机具有续航时间长、飞行稳定、距离远等特点,在巡航条件下速度快,但对操作要求较高	军用和民用领域,如测绘、地质、农林等
2	多旋翼无人机	(1)多旋翼无人机是一种具有三个及以上旋翼轴的特殊的无人驾驶旋翼飞行器。 (2)多旋翼无人机操作较为简单,飞行振动小,现在越来越主流,应用也多种多样。但其成本较为低廉,续航时间和载荷等指标可能不如其他类型的无人机	民用领域,如影视、摄影、物流、巡检等
3	无人直升机	(1)无人直升机是由一个或两个具有动力的旋翼提供升力并进行姿态操作的飞行器。 (2)无人直升机具有灵活性强,可以原地垂直起飞和悬停的特点。 (3)一般来说,无人直升机的载荷、续航时间、抗风性能等指标要优于多旋翼无人机	军用领域,如侦察、诱饵、电子对抗等
4	其他小种类无人机	(1)伞翼无人机的升力是由柔性伞翼提供的。 (2)扑翼无人机是通过像鸟一样通过机翼主动运动产生升力和前行力。 (3)无人飞艇是一种主要利用轻于空气的气体来提供升力的航空器	可以监测气象、水质、土壤和植物状态、动植物分布等

②按用途分类

无人机按照用途可分为军用无人机和民用无人机两大类。军用无人机可分为侦察无人机、诱饵无人机、电子对抗无人机、通信中继无人机、无人战斗机以及靶机等,主要应用于情报收集、电子战、侦察、攻击等任务。民用无人机的主要应用领域包括农业、环保、消防、救援、测绘、航空拍摄等,可以实现高效、安全、低成本的任务执行。

③按尺度分类(表 2-20)

无人机按尺度分类的各种类型　　　　表 2-20

序号	无人机类型	描述
1	微型无人机	空机质量小于等于 7kg 的无人机
2	轻型无人机	空机质量大于 7kg,但小于等于 116kg,且全马力平飞中,校正空速小于 100km/h(55n mile/h),升限小于 3000m 的无人机
3	小型无人机	除微型与轻型外的空机质量小于等于 5700kg 的无人机
4	大型无人机	空机质量大于 5700kg 的无人机

④按活动半径分类(表 2-21)

无人机按活动半径分类的各种类型　　　　表 2-21

类型	超近程无人机	近程无人机	短程无人机	中程无人机	远程无人机
活动半径	15km 以内	15~50km	50~200km	200~800km	800km 以上

⑤按任务高度分类(表 2-22)

无人机按任务高度分类的各种类型　　　　表 2-22

类型	任务高度	主要应用范围
超低空无人机	0~100m	农业、林业、渔业等
低空无人机	100~1000m	消防、救援、安防等

类型	任务高度	主要应用范围
中空无人机	1000~7000m	快递、货运等
高空无人机	7000~18000m	空中监视、勘测等
超高空无人机	18000m 以上	军事侦察、测绘等

2. 无人机摄影测量

（1）基本概念

无人机摄影测量是指通过轻型无人机搭载高分辨率数字彩色航摄相机获取区域影像数据，利用 GPS 在测区布设像控点，在数字摄影测量工作站进行作业，获取地理信息数据，等等。无人机摄影测量技术是一种集无人机技术、数字影像处理技术和计算机视觉技术为一体的综合应用技术，主要用于获取高分辨率数字影像和制作各种数字产品，包括数字高程模型（DEM）、数字正射影像（DOM）、数字栅格影像（DRG）、数字线划图（DLG）、数字实景三维模型等。近年来，无人机摄影测量技术发展迅速，已经能够满足 1∶500、1∶1000、1∶2000 等大比例尺地形图精度要求。

（2）基本特点

无人机摄影测量技术相较于传统测量测绘技术和航空摄影测量技术，具有反应迅速、灵活高效、适用范围广、生产周期短等优势，在小区域和飞行困难地区获取高分辨率图像具有明显的优势，如表 2-23 所示。

无人机摄影测量技术优点   表 2-23

序号	优点	优点描述
1	灵活性、高效性、安全性	（1）无人机航空摄影测量通常为低空飞行，空域操作便捷，不会受限于极端天气影响。 （2）对起飞和降落的场地没有太大要求，只需要选择相对平整的场地进行起飞和降落就可以。 （3）无人机航空摄影测量技术具有快速高效的特点，可以快速获取地表信息，并快速制作数字高程模型。 （4）无人机航空摄影测量技术还可以解决航高和地形地貌的限制，提高图像品质和精度，避免受云层和地形的影响，减少错误偏差。 （5）无人机测量的空域要求少，特别适合应用在城市建筑物密集地区、地形复杂区域（例如南方丘陵、多云区域）及极端恶劣环境下直接获取影像，即使设备故障也可有效规避人员伤亡
2	准确性	（1）无人机航空摄影测量技术能够满足数字化地形测量相关测图的需求，具有高精度和高分辨率的优势。 （2）无人机多为低空飞行，飞行高度通常不超过 1000m，摄影测量精度可达亚米级，精度范围通常为 0.1~0.5m，完全满足城市建设中常用的 1∶2000、1∶1000、1∶500 等大比例尺地形图精度要求
3	低成本	（1）无人机航空摄影测量技术通常采用遥控或自主飞行，不需要大量的人力资源，也不需要专业的飞行员，因此人员成本较低。 （2）无人机的制造成本较低，相对于传统的有人机而言，无人机的造价和维护成本都较低，因此可以节省大量的资金。 （3）无人机航空摄影测量技术可以采用高精度和高分辨率的数字相机进行测量，相对传统的测量方法，测量成本较低。 （4）无人机航空摄影测量技术可以利用计算机技术和数字图像处理技术进行数据处理和分析，可以自动化或半自动化地完成数据处理和分析任务，从而降低了数据分析的成本

（3）无人机摄影测量流程

在摄影测量项目立项后，无人机摄影测量的总体流程大致可分为三个阶段，分别是：准备阶段、外业实施阶段和内业数据处理阶段。

具体详细流程如图2-8所示。

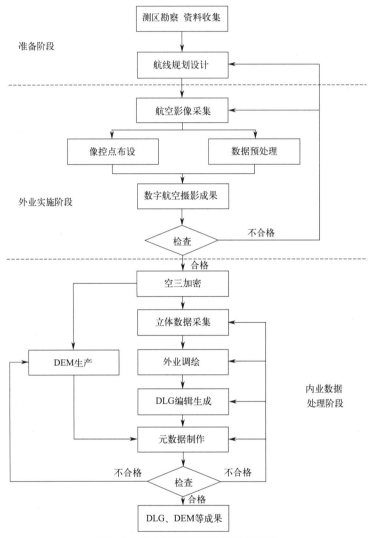

图 2-8　无人机摄影测量总体流程图

3. 无人机航线规划设计

无人机航线需要根据测区的地形地貌来进行规划设计，必须为内业正射影像图的制作提供足够的重叠率，因此，无人机航线规划设计需要综合考虑各方面因素，以保障飞行安全和满足获取影像要求，一般包括航测范围确认、航高确认、重叠度确认、航线参数确定、天气情况确认等。

（1）航测范围确认

因为航线规划软件（地面站）的参考底图数据大多来源于地图软件，因此在规划航线之前，一是需要在地图软件中确定项目航飞范围，从而了解航测区域的地貌，并进行合理的飞行架次划分，优化航飞方案，提升作业效率，避免撞机事故发生；二是根据测区等相关资料对无人机系统性能进行评估，判断飞行环境是否满足飞机的飞行要求；三是应该考虑海拔、地形地貌、风力风向和电磁雷电四大因素。

（2）摄影比例尺、成图比例尺与摄影航高确认

摄影比例尺又称像片比例尺，其严格定义为：航摄像片上一线段为 l 的影像与地面上相应线段的水平距离 L 之比，即 $\dfrac{l}{L}=\dfrac{1}{m}$（式中 m 为像片比例尺分母）。由于航空摄影时航摄像片不能严格保持水平，再加上地形起伏，所以航摄像片上的影像比例尺处处均不相等。我们所说的摄影比例尺，是指平均的比例尺，当取摄区内的平均高程面作为摄影基准面时，摄影机的物镜中心至该面的距离称为摄影航高，一般用 H 表示，摄影比例尺表示为 $\dfrac{1}{m}=\dfrac{f}{H}$，$f$ 为摄影机主距。摄影瞬间摄影机物镜中心相对于平均海水面的航高称为绝对航高，所以，相对于其他某基准面或某一点的高度均为相对航高。

当选定了摄影机和摄影比例尺后，即 f 和 m 为已知，航空摄影时就要求按计算的航高 H 飞行摄影，以获得符合生产要求的摄影像片。当然，飞机在飞行中很难精确确定航高，但是差异一般不得大于 5%。同一条航线内，各摄站的高差不得大于 50m。

摄影比例尺越大，像片地面的分辨率越高，越有利于解译影像与提高成图精度，但摄影比例尺过大，会增加工作量及费用，所以，摄影比例尺要根据测绘地形图的精度要求与获取地面信息的需要来确定。表 2-24 给出了摄影比例尺与成图比例尺的关系。

摄影比例尺与成图比例尺的关系 表 2-24

比例尺类型	摄影比例尺	成图比例尺
大比例尺	1:2000～1:3000	1:500
	1:4000～1:6000	1:1000
	1:8000～1:12000	1:2000
中比例尺	1:15000～1:20000	1:5000
	1:10000～1:25000	1:10000
	1:25000～1:35000	
小比例尺	1:20000～1:30000	1:25000
	1:35000～1:55000	1:50000

 知识链接

成图比例尺与地面分辨率的关系。对于数字航空影像或航天遥感影像，其影像分辨率通常指地面采样距离 GSD。一般以一个像素所代表的地面大小来表示（米/像素）。如 GSD 为 5 厘米/像素，代表一个像素表示实际 5 厘米×5 厘米。因此可以推算出地面分辨率与比例尺的关系，如表 2-25 所示。

∵1 英寸=0.0254 米=300 像素

∴1 米=11811.0236 像素

由此可得 1:500 比例尺的 GSD 为

$$GSD=500÷11811.023≈4.233333（厘米/像素）$$

同理可得 1:1000 比例尺的 GSD 为

$$GSD=1000\div11811.0236\approx8.4666667(厘米/像素)$$

成图比例尺与地面分辨率对应表　　　　　　　　　　　表 2-25

成图比例尺	地面分辨率/(厘米/像素)
1∶500	4.2
1∶1000	8.5
1∶2000	16.8

（3）重叠度确定

重叠度是指两张照片之间重叠的部分，重叠度分为旁向重叠度和航向重叠度。如图 2-9 所示。

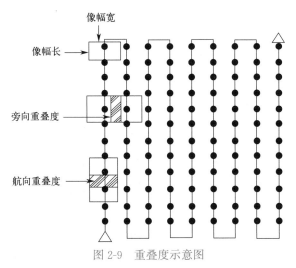

图 2-9　重叠度示意图

在航空摄影中，为了满足立体观察以及相邻像片间地物能互相衔接的需要，相邻像片间需要有一定的重叠。由于相邻像片是从空中不同时间不同位置拍摄的，故重叠部分虽是同一地面，但影像不完全相同。沿航向重叠部分与像幅长之比，称为"航向重叠度"，以百分数表示，通常应达到 60%，至少不小于 53%；与此同时，沿两条相邻航线所拍摄的相邻像片上有同一地面影像部分。垂直于航向重叠部分与像幅宽之比，称为"旁向重叠度"，同样以百分数表示，一般应为 15% 至 30%，至少不小于 13%。

（4）航线参数确定

根据测区大小，确定飞行方向和航线长度，并且根据以下公式，先计算摄影基线长度后，根据旁向重叠度得出实际航线间隔宽度。

$$B_x=L_x(1-p_x)\times\frac{H}{f}$$

$$D_y=L_y(1-q_y)\times\frac{H}{f}$$

式中　B_x——实地摄影长度；

　　　　D_y——实地航线间隔长度；

　　　　L_x、L_y——像幅长和宽；

　　　　p_x、q_y——航向和旁向重叠度。

（5）天气情况确定

无人机航测作业前，要掌握当前天气状况，并观察云层厚度、光照强度和空气能见度。航拍需要透过大气飞行，而大气的状态会对无人机拍摄产生影响，因此能见度至少需要不低于 10 公里。同时要尽量规避大风、雪、雨及冰雹天气，这种天气对无人机航拍和成像都有很大的影响，它们会遮挡住飞机的视线，增加飞机与地面之间的反光，影响飞机的安全和稳定性，同时也会影响飞机的拍摄质量。

航拍既要保证有充足的光度，又要避免过大的阴影。正午地面阴影最小，在日出到上午 9 点左右，下午 3 点左右到日落的两个时间段中，光照强度较弱且太阳高度角偏大，这些情况可能导致采集到的建筑物背阳面空三匹配精度差，纹理模糊且亮度很低，最终影响建模效果，严重影响视觉观感。航拍时间一般应根据表 2-26 规定的摄区太阳高度角和阴影倍数确定。

摄区太阳高度角和阴影倍数　　　　　　　　表 2-26

地形类别	太阳高度角/°	阴影倍数
平地	＞20	＜3
丘陵地和一般城镇	＞25	＜2.1
山地和大、中城市	≥40	≤13.2

4. 像控点布设

（1）基本概念

像控点是摄影测量控制加密和测图的基础，野外像控点目标选择的好坏和指示点位的准确程度，直接影响成果的精度。换言之，像控点要能包围测区边缘以控制测区范围内的位置精度。一方面，纠正飞行器因定位受限或电磁干扰而产生的位置偏移、坐标精度过低等问题；另一方面，纠正飞行器因气压计产生的高层差值过大等其他因素。只有每个像控点都按照一定标准布设，才能使得内业更好地处理数据，使得三维模型达到一定精度。

（2）布设原则

①像控点一般根据测区范围统一布点，应均匀、立体地布设在测区范围内；位于自由图边和待成图边的控制点，应布设在图廓线外。布设在同一位置的像控点应联测成平高点，像控点点位分布应避免形成近似直线。

②像控点需为便于联测平面位置和高程位置的明显地物点、接近正交的线状地物交点、地物拐点或固定的点状地物，如房角、水池角、桥涵角等明显地物拐角。弧形地物、高程急剧变化的陡坡、阴影及易于变形的地物均不选用。

③布设的标志应对空视角好，避免被建筑物、树木等地物遮挡；黑白反差不大，地物有阴影不应作为控制点点位目标。

④尽可能布设在旁向及航向 5°或 6°重叠范围之内，尽可能落在相邻的两条航带重叠区中心。离开中线的距离不应大于 3cm，当旁向重叠过大或过小而不能满足要求时，应分别布点。

⑤控制点应选在像片边缘不小于 13.5cm 处，距像片的各类标志不小于 1mm。像控点布设结束后应进行拍照记录，便于后续内业刺点工作。

（3）布点方式

像控点的布设包括航带法和区域网两种布点方式，其布设图示如图 2-10 和图 2-11、图 2-12 和图 2-13 所示。

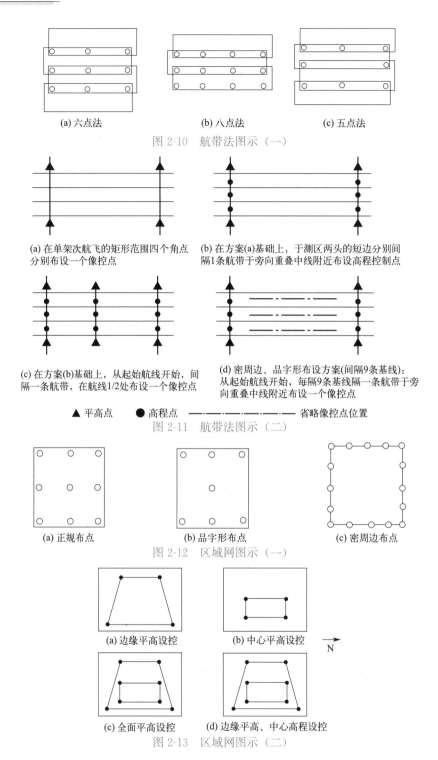

(a) 六点法　　　　　　(b) 八点法　　　　　　(c) 五点法

图 2-10　航带法图示（一）

(a) 在单架次航飞的矩形范围四个角点分别布设一个像控点

(b) 在方案(a)基础上，于测区两头的短边分别间隔1条航带于旁向重叠中线附近布设高程控制点

(c) 在方案(b)基础上，从起始航线开始，间隔一条航带，在航线1/2处布设一个像控点

(d) 密周边、品字形布设方案(间隔9条基线)：从起始航线开始，每隔9条基线隔一条航带于旁向重叠中线附近布设一个像控点

▲ 平高点　● 高程点　——·——·—— 省略像控点位置

图 2-11　航带法图示（二）

(a) 正规布点　　　　(b) 品字形布点　　　　(c) 密周边布点

图 2-12　区域网图示（一）

(a) 边缘平高设控　　　(b) 中心平高设控　　N→

(c) 全面平高设控　　　(d) 边缘平高、中心高程设控

图 2-13　区域网图示（二）

（4）布设方案

测区内的像控点不必密集，但要求均匀分布。布设像控点时应注意测区范围内的坐标点都保持同一个精度，一个像控点的小误差，会影响方圆几公里的精度，原理同数学中的空间三个点确定一个平面相仿。布设好的像控点需考虑以下几个方面。

①像控点选择

像控点有标靶式像控点和油漆式像控点，油漆式像控点又分为喷涂式和涂漆式。

一是标靶式像控点，为打印印刷的像控，不需要喷涂，直接放在测区内，航测飞机航拍后可就地回收，比较低碳环保；缺点是容易被移动，需当场采集坐标，且不适合测区较大的项目。二是喷涂式像控点，保存时间长，位置固定，可飞后再采集坐标，更灵活；缺点是耗时较长，成本高。三是涂漆式像控点，会产生较大的气味，但一桶漆能做很多个点，像控也比较容易做直，刷漆建议使用橡胶水勾兑。实际工程中常用的是喷涂式像控点。

②位置选择

一是视野，像控点的位置应该尽量选在空旷的、四周无遮挡或者较少遮挡，在以像控角度为斜 45°的地方（与地面夹角），尽量保持飞行器能拍到像控点。须考虑像控被遮挡情况，故选点要避开电线杆下、停车场内及有阴影的区域。二是坡度，尽量少在坡度较大的地方做点，因内业刺点时会有些许无法避免的偏差，如在坡度较大的地方刺点，偏差值就会被放大，影响模型精度。三是预计被破坏程度，如在工地或者其他扬尘比较大的地方，以及他人居所门口，像控容易被覆盖、被破坏。

③像控点大小

根据不同的高度、精度、重叠率，不同的相机应布设不同大小的像控点。需要提前预计相机在飞行高度看到的像控点大小，不要为了方便，把像控点打得太小，否则会给内业造成很大的麻烦。一般采用长宽为 80cm×60cm。

④重叠度

布设的像控点应该是能共用的，通常在五六张相片重叠范围内，距离相片边缘要大于150 像素，距离像片上的各种标识应该大于 1mm。

⑤采集方式

采集方式尽量采用三脚架以保证采集精度，但会使做点时间变长，因为每个像控点都要居中整平，比较费时。双手持花杆让气泡居中会让转场移动的时间减少，十次平滑采集也能让精度相对较高，是性价比比较高的采集方式。

（5）标准示例（图 2-14）

图 2-14　标准示例图

①整个测区不要频繁变换角点采集，如果一开始采集的是外角点或内角点，那整个项目最好都使用同一个点，方便内业人员处理。

②边角要涂直。

③像控点要涂上编号，编号要涂在直角外边。

2.2.2 应用案例

无人机测量
应用案例

下面以某城市区域低空航测项目为例，完成无人机测量航线规划设计实训任务。

1. 任务书（表 2-27）

无人机测量航线规划设计实训任务书　　　　　表 2-27

任务背景	本实训案例为某城市区域低空航测项目,根据目标区域的地形和面积,设计合理的无人机飞行路线。确保飞行高度、旁向重叠度、航线实际间距等参数满足测量需求,同时确保飞行安全
任务描述	通过航测范围确认、航高确认、飞行方向及航线确认、重叠度确认、天气情况确认等航线规划设计,完成航线设计书
任务要求	学生根据航线规划设计的内容,正确选定及计算相关参数,完成任务描述中所述的工作内容
任务目标	了解无人机摄影测量流程,掌握无人机航线规划设计流程
任务场景	根据甲方需求对某城市主城区约 $10km^2$ 范围进行 1:1000 地形图进行测绘,运用无人机航线设计知识完成任务书

2. 获取资讯

本实训案例作业区自然地理概况如下：

（1）地理位置：根据实际情况确定。

（2）地貌特征：作业区内以丘陵为主，地势由南向北逐渐降低，平均海拔高 1100m；地形类别为丘陵地。

（3）气候：气候类型为亚热带季风性湿润气候；年平均气温在 16～18℃，年降雨量 1104～1365mm，且分布不均，山区和丘陵地区的降雨量较多，而河谷和平原地区的降雨量较少；年日照时数为 1012～1365h；冬季雾霾较多。

（4）交通：作业区内城市道路通达，交通便利。

（5）生活条件：主城区常住人口约 2100 万人，具备成熟的住宿及餐饮条件，治安状况好。

（6）困难类别：建成区Ⅰ类 $9km^2$、一般地区Ⅱ类 $1km^2$。

引导问题 1：无人机的分类有哪些？

引导问题 2：无人机摄影测量流程是什么？

引导问题 3：无人机测量航线规划设计中，需要进行确认和计算的信息及参数有（　　　）。

A. 航测范围　　　　　　B. 比例尺精度　　　　　　C. 航飞高度

D. 重叠度　　　　　　　E. 航向间隔宽度　　　　　F. 天气情况

引导问题 4：像控点的布设方式有哪些？

引导问题 5：布设好的像控点需要考虑哪些因素？

3. 工作计划

按照任务书提供的资料和其他收集到的项目相关资料，进行无人机测量航线规划设计书分工，完成表 2-28。

无人机测量航线规划设计书分工　　　　　　　　　　　表 2-28

步骤	工作内容	负责人

4. 任务实施

（1）根据已有信息，确定航测区域信息，完成表 2-29

航测区域信息表　　　　　　　　　　　表 2-29

航测区域地貌特征	
飞行环境是否满足要求	
是否有极端天气因素	
附测区图	

（2）确定测图比例尺及地面分辨率，完成表 2-30

测图比例尺及地面分辨率
表 2-30

测图比例尺	地面分辨率/（厘米/像素）

（3）计算航高

（4）确定重叠度，完成表 2-31

重叠度一览表
表 2-31

航向重叠度	旁向重叠度

（5）计算实际航线间隔宽度

（6）航空摄影时，既要保证充足的光照，又要避免过大的阴影，应根据表 2-32 的要求合理选择摄影时间

摄区太阳高度角和阴影倍数
表 2-32

地形类别	太阳高度角/°	阴影倍数

（7）其他条件

2.3 3D 激光扫描技术应用案例

2.3.1 基础知识

1.3D 激光扫描概述

（1）基本概念

3D 激光扫描技术-基础知识

激光是 20 世纪重大的科学发现之一，是利用光能、热能、电能、化学能或核能等外部能量来激励物质，使其发生受激辐射而产生的一种特殊的光。激光以其单一性和高聚集度获得巨大发展，从一维测量、二维测量到现在的三维测量，实现了快速高精度测量。

3D 激光扫描技术是一种先进的全自动高精度立体扫描技术，又称为"实景复制技术"，它是利用激光测距的原理，通过记录被测物体表面大量密集点的三维信息和反射率信息，将各种大实体或实景的三维数据完整地采集到计算机中，进而快速复建出被测目标的三维模型及线、面、体等各种图件数据。

（2）系统组成

3D 激光扫描系统由三维激光扫描仪、双轴倾斜补偿传感器、电子罗盘、旋转云台、系统软件、数码全景照相机、电源以及附属设备组成，如表 2-33 所示。

3D 激光扫描系统组成 表 2-33

序号	名称	组成/功能
1	三维激光扫描仪	（1）主要包括三维激光扫描头、控制器和计算机(图 2-15)。 （2）激光扫描头是一部精确的激光测距仪，由控制器控制激光测距，并管理一组可以引导激光并以均匀角速度扫描的多边形反射棱镜
2	双轴倾斜补偿传感器	通过记录扫描仪的倾斜变化角度，在允许倾斜角度范围内实时进行补偿置平修正，使工作中的扫描仪始终保持在水平垂直的扫描状态
3	电子罗盘	具有自动定北和指向零点的修正功能
4	旋转云台	是保持扫描仪在水平和垂直任一方向上可固定并能旋转的支撑平台
5	系统软件	一般包括随机点云数据操控获取软件、随机点云数据后处理软件或随机点云数据一体化软件
6	数码全景照相机	是相机光轴在垂直航线方向上从 侧到另 侧扫描时作广角摄影的相机，可达到 360°无死角拍摄
7	电源以及附属设备	包括蓄电池、笔记本电脑等

知识链接

激光测距仪主动发射激光，同时接收由自然物表面反射的信号而进行测距，针对每一个扫描点可测得测站至扫描点的斜距，再配合扫描的水平和垂直方向角，可以得到每一扫描点与测站的空间相对坐标。

（3）系统测量原理

三维激光扫描系统相当于一个高速转动并以面状获取目标体大量三维坐标数据的超级全站仪，其核心原理是激光测距和激光束电子测角系统的自动化集成，以高速激光测量方式非接触地测量地形及复杂物体表面，获得阵列式的三维点云数据。激光测距主要有脉冲

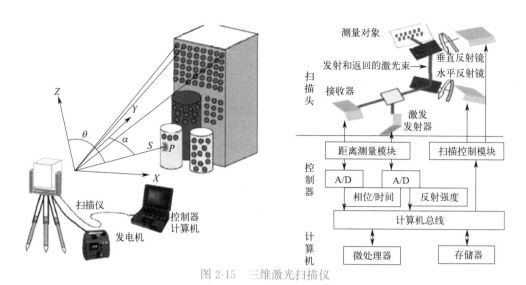

图 2-15　三维激光扫描仪

式测距、相位差式测距和光学三角测距三种，测距过程主要包括激光发射、激光探测、时延估计和时延测量。

三维激光扫描仪测量系统原理如图 2-16 所示，激光二极管周期性地发射激光，然后目标表面向后反射信号由接收透镜接收，产生接收信号，发射信号与接收信号之间的时间差则利用稳定的石英时钟作计数，最后测量结果输入微电脑进行内部处理，从中计算出采样点的空间距离；通过传动装置的扫描运动，完成对物体的全方位扫描；最后经过相应系统软件进行一系列处理获取目标表面的点云数据。

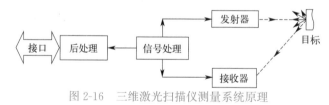

图 2-16　三维激光扫描仪测量系统原理

（4）系统分类

三维激光扫描系统按其特点及技术指标不同，可划分为不同类型，如表 2-34 所示。

三维激光扫描系统分类　　　　　　　　　　　　　　　表 2-34

序号	分类方法	特点
1	按承载平台分类	分为星载三维激光扫描系统、机载三维激光扫描系统、车载三维激光扫描系统、地面三维激光扫描系统及手持式三维激光扫描仪
2	按扫描距离分类	（1）分为短距离激光扫描仪（<10m）、中距离激光扫描仪（10～400m）、长距离激光扫描仪（>400m）。 （2）最长扫描距离小于 30m，多用于大型模具或室内空间的测量
3	按扫描仪成像方式分类	（1）全景扫描式：全景式激光扫描仪采用一个纵向旋转棱镜引导激光光束在竖直方向扫描，同时利用伺服马达驱动仪器绕其中心轴旋转。 （2）相机扫描式：它与摄影测量的相机类似，适用于室外物体扫描，特别对长距离的扫描有优势。 （3）混合型扫描式：它的水平轴系旋转不受任何限制，垂直旋转受镜面的局限，集成了上述两种类型的优点
4	按扫描仪测距原理分类	可以将扫描仪划分成脉冲式、相位式、激光三角式和脉冲-相位式 4 种类型

（5）三维激光扫描仪简介

国外对三维激光扫描技术的研究起步较早，并取得了较好的研究成果，欧美一些国家的很多公司在三维激光扫描技术的研究和开发产业方面已经具有了很大的规模，其生产制造出的三维激光扫描设备已经在市场上销售，并且扫描设备的操作性、精度、工作效率、便携性等方面都达到较高水准。当前，国外的三维激光扫描设备的制造厂商主要有瑞士的徕卡（Leica）公司、奥地利的 RIEGL 公司、美国的法如（FARO）公司和天宝（Trimble）公司、加拿大的 Optech 公司、法国的 MENSI 公司、德国的 Z+F 公司等，部分产品如图 2-17～图 2-20 所示。

WLAN天线(2×，母口)
GNSS天线
3G/4G移动网络天线(2×，公口)
搬运手柄(2×)
高分辨率(800×480px)
5″彩色触屏
φ172
206

图 2-17　徕卡 ScanStation P50 扫描仪　　　图 2-18　RIEGL VZ-2000i 扫描仪

图 2-19　FARO Focus 扫描仪　　　　图 2-20　Optech Polaris 系列扫描仪

目前，国内生产地面三维激光扫描仪的公司较少，随着地面三维激光扫描技术应用普及程度的不断提高，国内产品在中国市场占有率逐步提高，有代表性的公司产品主要有中海达公司 HS 系列产品、北科天绘公司的 U-Arm 系列产品、广州思拓力公司的 X 系列产品、广州南方测绘的相关产品，部分产品如图 2-21～图 2-24 所示。

图 2-21　中海达 HS450 扫描仪　　　　图 2-22　思拓力 X300 Plus 扫描仪

图 2-23　北科天绘 U-Arm 扫描仪　　　图 2-24　南方测绘 SPL-500 激光扫描仪

2. 点云数据获取

点云数据获取是地面三维激光扫描工作过程中的一个重要环节，地面式三维激光扫描系统外业数据采集主要包括前期技术准备、现场踏勘、扫描站点选取及布设、标靶布设、现场点云数据采集、影像采集及其他信息采集等工作。地面式三维激光扫描点云数据获取工作流程如图 2-25 所示。

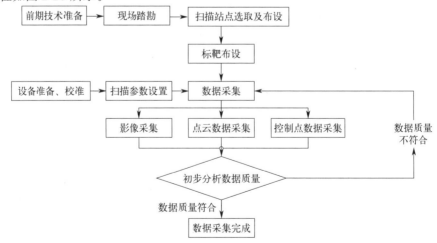

图 2-25　地面式三维激光扫描点云数据获取工作流程图

（1）前期技术准备

前期技术准备应根据不同的任务需求做好任务实施规划，完成扫描环境现场踏勘，根据测量场景地形条件、复杂程度和对点云密度、数据精度的要求，确定扫描路线，布置扫描站点，确定扫描站数及扫描系统至扫描场景的距离，确定扫描密度等。

①扫描准备

在进行三维激光扫描前，根据扫描需求收集扫描区域内已有的测绘信息，一般常用的有控制点数据、地形图、立面图等一系列数据，确保在扫描作业前全面了解区域内的地形地貌信息及地表变化等，以便为地面式三维激光扫描频率、扫描点云质量和扫描角度等扫描参数的确定提供依据。

②现场踏勘

为了确保三维激光扫描的数据采集工作正常进行，获取被测物体表面完整精准的三维坐标、反射率和纹理等信息，需组织现场踏勘，实地了解扫描区域的现场地形、地貌等状况，并核对已有资料的真实性和适用性。

任何扫描操作都是在特定的环境下进行的，对于环境复杂、条件恶劣的场地，在扫描工作前一定要对场地进行详细的踏勘，对现场的地形、地貌等进行了解，对扫描物体目标的范围、规模和地形起伏做到心中有数，然后再根据调查情况对扫描的站点进行设计。

（2）扫描站点选取及布设

①扫描站点选取

由于被测物体多样且复杂，如古建筑、各类生产工厂、特殊艺术形式建筑等，在大多数情况下，只架设一个站点不能完全获取被测物体完整、高精度的三维点云数据。在实际外业数据采集过程中，通常需要布设多个站点对被测物体进行扫描采集，才能确保获取完整的物体表面数据。因此，为了确保数据最终能满足《地面三维激光扫描工程应用技术规程》T/CECS 790—2020 等精度要求，扫描站点的选取需要充分考虑表 2-35 所列的几个因素。

扫描站点选取考虑的因素

表 2-35

序号	选取因素	考虑因素特点
1	数据的可拼接性	（1）为了获取完整的物体表面数据，通常在多个不同站点对被测物体进行扫描采集，且相邻站点还要确保数据的连续性，即相邻两站之间所扫描的被测物体数据须部分重合，以确保数据可进行数据拼接。 （2）目前有多种点云拼接方式，不同的点云拼接方式的重叠要求不同。如基于点云重叠数据进行匹配拼接，重合率基本要求为 30％以上；若是基于目标点匹配拼接，则相邻两站要有 3 个或 3 个以上的同名目标点；若是基于点云和目标点相结合的拼接方式，则需要根据实际测量要求确定合适参数，确保点云数据可拼接
2	架站间距	（1）扫描站点应均匀分布在被测物体周围，即相邻两站之间的间距应尽可能保持一致或接近。 （2）若是整体扫描站点之间的间距相差较大，会直接增加扫描数据的复杂性，在进行多站点数据拼接匹配过程中就容易产生较大的拼接误差，不能确保满足成果精度
3	各站点与被测物体距离	（1）由于三维扫描仪水平和垂直扫描视角的关系，各站点与被测物体距离过近会导致不能获取被测物体最高处数据。 （2）一般而言，架设扫描仪时应与建筑物保持 10～20m 的距离；而更高的建筑，如几十米甚至几百米高，则需要在建筑的近处和远处都进行数据采集，确保获取到完整的建筑信息

序号	选取因素	考虑因素特点
4	激光入射角	激光入射角越大,测量数据误差越大。因此扫描站点选取时应使扫描设备的激光束点尽量垂直于被测物体,避免扫描设备发射的激光在被测物体表面产生过大的入射角度,确保精度达到成果要求
5	重叠部位	(1)对于基于点云数据的拼接匹配的站点选取,须重点考虑相邻两站扫描的重叠区域,避免点云数据的拼接产生较大的误差,重叠区域不可选取有许多不稳定、受风易动物体的区域,如有大量植被的区域。 (2)重叠区域绝大部分应为稳定、光滑且规则的物体表面
6	重叠度	(1)不管何种方式的点云拼接,均需要设置相邻两站点合适的重叠度。 (2)若是重叠度过低,会导致数据拼接错层大、失败。若是重叠度过高,会导致扫描采集同一被测物体时需要架设更多的扫描站点,使得点云数据量成倍增加,且多次重复拼接,影响数据拼接效率及产生拼接误差

②扫描站点布设

扫描站点的布设需要平衡好数据的完整性与数据拼接精度,合理布设站点可以尽可能获取最完整的点云数据。在进行扫描站点布设时,站点数目、站点位置、站点间距的确定除了要考虑被测物体现场实际地形,还需考虑不同型号的扫描仪测距和精度要求。同时站点应尽量布设在地势平坦稳定、四周开阔、通视条件好的地方。其中,根据被测物体的现场地形特征分类应遵循以下两项要求。

一是针对单一、独立、规则的被测物体,通常以闭合环绕方式进行扫描站点布设,设置4个或4个以上的扫描站点,且相邻扫描站点具有足够的重叠度。二是针对不规则、有转折区域,须在不规则、转折区域两侧均布设扫描站点,若是在转折区域、差异较大的区域,还须多布设扫描站点以确保数据的完整性;同时布设的各相邻站点的重叠度、激光入射角应尽可能保证一致,避免造成数据拼接误差增大。

根据被测物体的现场地形特征分类布设扫描站点,先要确保满足相邻扫描站点数据的重叠度和被测物体表面数据的完整性两大因素要求,再尽可能满足各站点架站间距、各站点与被测物体距离、重叠部位、激光入射角等因素要求。

(3)标靶布设

通过地面式三维激光扫描系统获取的海量点云数据需要纳入指定的测量坐标系后才能用于工程测量、古迹保护、建筑、规划、数字城市等环节。因此,在外业数据采集扫描场景中难以找到合适特征点时,一般采用标靶辅助采集,以便把采集到的点云数据转换到指定的测量坐标系。标靶主要是为外业数据采集提供明显、易识别的公共点,在三维激光扫描数据后处理中作为公共点用于坐标转换,是定位和定向的参数标志。在外业采集过程中,常见的标靶有两种,即平面标靶和球形标靶。

平面标靶(图2-26),一般是由两种对激光回波反差强烈的颜色2×2交替分布组成。这两种对激光回波反差强烈的颜色一般为黑色和白色,因为白色对激光有强反射性,而黑色易于吸收激光能量产生弱反射性,且黑色和白色呈2×2交替分布,从而使平面标靶靶心明显、易识别。

球形标靶(图2-27),即规则对称的球形,通常称之为"标靶球"。其表面一般采用高强度PVC材料,防雨、防磨、防摔,且可以使扫描仪在更远的距离还能采集到球体表面数据。标靶球规则对称的几何特点，使得在任意不同站点扫描都能获得同一球形标靶的半个表面点云数据，即任意不同站点上扫描的球心位置是固定的，故标靶球非常适用于具有转折或不规则物体的点云拼接扫描。但由于标靶球的几何中心无法通过其他手段进行量测，因此球形标靶不适用于地面式三维激光扫描坐标转换。

图 2-26　平面标靶　　　　　　　　　　　图 2-27　球形标靶

 知识链接

　　标靶布设是外业采集至关重要的环节。标靶布设不仅要考虑其布设的合理性，而且要保证同名标靶点的通视条件。在执行扫描任务过程中，必须考虑许多因素，如扫描仪架设位置、扫描范围内设置标靶数目，标靶放置位置、方位和所需的成果资料精度。对于使用标靶的扫描，3 个标靶为最基本的要求，在某些时候标靶也可以用如建筑物转角等特征点或扫描机位点代替，建立水平面位置和空间方位。

　　地面式三维激光扫描的标靶布设过程中需注意以下 4 个事项。

　　①一般情况，扫描中使用 3 个以上的标靶；同时要求摆放的位置不能在同一个平面上，也不能在同一条直线上。

　　②标靶的最佳放置位置要根据不同型号的三维扫描仪测距和精度要求进行调整。以 FARO 三维扫描仪为例，标靶球最佳的放置位置是在距扫描设备 10m 范围内；标靶纸的最佳放置位置在距扫描仪 5m 范围内。

　　③应因地制宜地选择在地面稳定、便于保存和易于联测的地方，便于后期数据坐标转换等操作。

　　④为了克服外界不可预计因素的影响，如风导致标靶抖动、翻倒，车辆行驶的阻挡等导致标靶信息缺失，可以根据具体情况选择性地使用多个标靶，并在扫描视场范围内尽可能均匀分布标靶，以提高识别精度，对于多视角扫描也会更方便快捷。

　　（4）数据采集

　　三维激光扫描仪数据采集主要获取点云数据和影像数据，这些原始数据一并存储在特定的工程文件中。另外，可通过全站仪、RTK 等获取控制点数据。

　　①控制测量

为了把三维激光扫描数据转换到统一坐标系统下，可以使用全站仪、RTK等获取控制点数据，这样在点云数据拼接后就可通过公共点把所有的激光扫描数据转换到统一坐标系下。

②点云数据采集要求，如表2-36所示。

点云数据采集要求 表2-36

序号	名称	采集要求
1	扫描前准备	根据预先设定的标靶布设计划放置标靶球或标靶纸；打开三脚架并水平放置(圆水准气泡居中)；将扫描仪放置在三脚架上并旋紧固定，取下镜头保护罩，启动设备，新建项目
2	设置扫描参数	(1)分辨率与质量是扫描的主要参数。 (2)分辨率用于确定扫描点的密度，分辨率越高，图像越清晰，细节细度也越高；质量用于确定扫描仪测量点的时长以及点的采样时长，质量越高，噪声越少或者多余的点数量就越少。 (3)在现场外业数据采集过程中，尽可能将扫描采样间距偏小设计，即增加各测站间的重叠度，以便后期信息提取。 (4)一般情况是数据后期处理时间要远远大于现场数据采集时间，因此并不是数据采集得越多越好，正确的方法是根据扫描目的在采样间距与扫描时间之间取得一个平衡，既要保证数据反映足够的细节信息，又要减少现场扫描时间，也就是尽可能让扫描间距更合理
3	点云数据采集	(1)根据预先设定的扫描路线布设站点，实施扫描与拍照。 (2)扫描完成后还需现场初步分析数据的质量是否符合要求，保证采集数据量既不缺失，又不过度冗余，尽量避免二次测量和数据处理中产生不必要的工作量

 知识链接

扫描仪器的使用注意事项：一是三维激光扫描仪包含精密的电子及光学设备，在出厂之前是经过精密调校的，因此在运输搬运过程中，尽量轻拿轻放，减少仪器的振动；二是尽量不要触碰前面的扫描窗口，仪器本身虽具有一定的防水防尘能力，但要注意防止仪器浸入水中；三是在设备开始数据采集前对激光扫描仪的外观及通电情况进行检查和测试。

③影像采集

由于地面式三维激光扫描仪获取的三维点云数据只包含被测物体的灰度值，想要获取点云的彩色信息，则需要三维激光扫描仪扫描时通过内置相机或配置外置相机获取相应彩色影像，将被测物体的彩色影像与点云数据进行纹理映射，获取彩色点云信息。彩色点云数据能更直观、全面地反映物体的表面细节，对识别道路标志物、评价地质几何信息、测量产状、提取地物特征等具有重要意义。

地面式三维激光扫描仪搭载相机可分为内置和外置。内置相机即安装至扫描仪内部，固定焦距，不可变焦；但其获取的影像能自动映射到被测物体的空间位置和点云上。而外置相机则需要在三维激光扫描数据后处理中手动辅助纹理映射。

 知识链接

在地面式三维激光扫描仪采集影像数据过程中需注意以下几个事项：

①彩色信息采集质量主要受到光线的影响。采集影像数据时注意避免过分曝光、光线明暗变化大、分多次采集等情况。

②数据应满足纹理清晰，层次反复、易读，视觉效果好等要求。因此采集影像数据时，尽可能采用清晰度更高的相机。

③外置相机采集影像数据时，拍摄角度尽量与扫描角度一致，避免由于角度差异过大而导致纹理映射困难，造成彩色贴图错层、失败。

④采集影像数据时应避免重复采集。三维激光扫描数据后处理时应先对全部点云数据拼接完成后，再进行纹理映射，以避免重复纹理映射导致点云数据彩色信息杂乱、错层。

3. 点云数据处理

地面式三维激光扫描获取的现场三维点云数据处理，首先在后处理软件中对点云数据进行预处理，然后需要对点云数据进行拼接、坐标转换、纹理映射等操作转换成绝对坐标系中的空间位置坐标或模型，以便输出多种不同格式的成果，满足空间信息数据库的数据源和不同应用的需要。

（1）点云数据预处理

点云数据预处理主要是剔除数据获取中受外界、设备自身等因素及某些介质的反射特性影响而产生的明显噪点。

①数据格式转换

由于不同型号三维激光扫描仪的点云数据的格式各不相同（表 2-37），且不同型号的三维激光扫描仪配套点云数据后处理软件所能处理的数据格式也有所局限，为了在不同的点云后处理软件中进行数据处理，因此需要进行数据格式转换。

部分不同品牌的原始数据格式　　　　　　　　　　表 2-37

仪器品牌	数据格式	仪器品牌	数据格式
FARO	. fls/. fws	Trimble	. fls/. pts
Optech	. scan/. ply	中海达	. hsr/. hls
Z+F	. zfls	北科天绘	. imp
RIEGL	. rxp/. 3dd/. ptc	通用格式	. las/. xyz/. pts

②点云去噪

噪点，可理解为与被测物体描述没有任何关联，且对于后续整个三维场景的重建起不到任何作用的点。在外业数据采集时，不规则、不平整的被测物体，环境复杂、变动频繁的现场，移动的汽车、人、飘浮物，以及扫描目标本身的不均匀反射特性等，都会使点云扫描数据产生不稳定点和噪点，这些点的存在是扫描结果中所不期望得到的。

 知识链接

引起噪点的因素主要包括三类。第一类是由扫描系统本身引起的误差，如扫描设备的

测距、定位精度、分辨率等；第二类是由被测物体表面引起的误差，如被测物体的反射特性、表面粗糙度、距离和角度等；第三类主要是外界一些随机因素形成的随机噪点，如在外业数据采集时，汽车、人、漂浮物等在扫描设备和扫描目标之间出现，就会造成噪点数据的产生。以上这些点云数据应该在后期处理中予以删除。

针对噪点产生的不同原因，可适当采用相应办法消除。第一类噪点是系统固有噪点，可以通过调整扫描设备或利用一些平滑或滤波的方法过滤掉；第二类噪点可从调整仪器设备位置、角度、距离等办法进行解决；第三类噪点需要通过人工交互的办法解决，对于植被可通过设置灰度阈值进行植被剔除，或者人工选择剔除。

（2）点云数据拼接与坐标转换

一个完整的实体，单站扫描往往不能完全反映实体信息，需要在不同的位置进行多站扫描，这就出现了多站点云数据的拼接问题。目前常用的点云拼接方法有基于标靶的点云数据拼接和基于几何特征的点云数据拼接。

①基于标靶的点云数据拼接

在扫描过程中，扫描仪的方向和位置是随机和未知的。为了实现两个或多个站点扫描的拼接，常规方法是选择共同的参考点实现拼接，这被称为间接地理参考。选择一个特定的反射参考目标作为地面控制点，并利用其高对比度特性来实现扫描位置和扫描图像的匹配。这一系列的工作包括人工参与和计算机自动处理，并且是半自动完成的。基于标靶的点云数据拼接，其在点云数据后处理软件内自动按照扫描顺序进行，且显示拼接结果自动优先考虑扫描效果较好的。

②基于几何特征的点云数据拼接

基于几何特征的点云数据拼接，通过利用前后相邻两个扫描站点重叠区域的几何特征，获取点云的拼接参数，经常被用于多站点的点云数据拼接。基于几何特征的点云数据拼接精度主要取决于采样密度和点云质量。例如，前后相邻两个扫描站点之间的间距大，采样密度小，则重叠区域的几何特征会明显减少，导致拼接精度下降；同时，过多的植被覆盖也会导致拼接精度下降。

 知识链接

基于几何特征的点云数据拼接要求，需要待拼接的点云数据在三个正交方向上有足够的重叠。根据目前的扫描经验，两站扫描数据的重叠率尽可能为整个三维图像的20%～30%；如果重叠率设置过低，则难以保证拼接精度；如果重叠率设置太大，现场数据采集的工作量势必要增大。

③坐标转换

数据拼接完整的点云数据坐标需要转换成绝对坐标系中的空间位置坐标，才能满足空间信息数据库的数据源和不同应用的需要。目前主要利用标靶点进行坐标转换。

基于标靶的坐标转换，是利用前后两个相邻扫描站点的视场中共有的标靶点的坐标进行转换。因此外业数据采集过程中，布设的标靶位置需要均出现在前后相邻两个扫描站点的扫描视场内，且三维扫描仪在前后相邻两个扫描站点对同一标靶的激光入射

角不能相差过大。同时在扫描过程中，利用 RTK 测量获得每个控制点的坐标和位置。在后处理过程中，点云数据后处理软件自动或半自动地识别不同站点的公共标靶点（3个或 3 个以上），根据这些标靶点坐标信息进行坐标转换和计算，获得单一绝对坐标系中的坐标实体点云，将点云数据从扫描仪的空白坐标系统统一转换为标靶点的大地坐标系。

（3）点云纹理映射

由于地面式三维激光扫描仪获取的三维点云数据只包含被测物体的灰度值，本身不具备颜色信息。想要获取点云的彩色信息，则需要三维激光扫描仪扫描时通过内置相机或配置外置摄像相机获取相应彩色影像，将被测物体的彩色影像与点云数据进行纹理映射，获取彩色点云信息。

点云数据纹理映射，又称纹理贴图，是将纹理空间中的纹理像素映射到点云数据上。简单来说，就是把一幅图像贴到三维物体的表面上以增强真实感，可以和光照计算、图像混合等技术结合起来形成许多非常漂亮的效果，这是对构成点云的物体的所有细节和特征更真实的可视化。

目前，大多数激光扫描设备都有内置相机或外置相机，在采集点云数据时同步记录了同轴旋转的摄影数据。点云数据与纹理在很多细节的反映上具有互补的特性。在对点云数据的研究中，有时点云数据显示了更多的细节，而有时颜色数据则更具有描述性。颜色数据反映了真实物体的客观属性，是点云数据重要的附加信息。

（4）点云数据应用

地面式三维激光扫描系统可以深入任何复杂的现场环境及空间中进行扫描操作，并直接将各种大型的、复杂的、不规则的、标准或非标准的等实体或实景的三维数据完整地采集到电脑中，进而通过数据预处理、点云拼接、坐标转换、纹理映射等快速重构目标的三维模型及线、面、体、空间等各种制图数据，根据数据成果要求进行各种后处理工作。如在 AutoCAD 软件可进行立面测量，在 JRC 3D Reconstructor 软件可进行土方测量，在 SouthLidar 软件可进行地形图绘制等。

地面式三维激光扫描系统改变了以往的单点数据采集模式，实现自动收集持续密集的数据，并进行大量的点云数据采集，大幅提高了地形测绘的工作效率，被广泛应用于测绘、电力、建筑、工业等领域。

2.3.2 应用案例

下面以某工程施工中基坑的土石方测量为例,完成建筑土石方测量实训任务。

1. 任务书(表2-38)

建筑土石方测量实训任务书

表2-38

任务背景	城市基础设施建设大多会牵涉土石方工程,土石方测量是项目施工中必须要做的工作。本次实训案例为某项目工程施工中基坑的土石方测量
任务描述	利用三维激光扫描仪对基坑或堆体进行全方位三维扫描,将扫描获取的三维激光点云数据进行预处理,获取基坑或堆体的高精度激光点云数据,经过一系列的三维点云处理,提取基坑或堆体的三维立体坐标,计算基坑或堆体的体积,即土石方工程量
任务要求	根据任务,选取三维激光扫描设备,进行全方位的三维扫描,并通过三维激光点云数据获取土石方工程量
任务目标	(1)掌握三维激光扫描的任务内容及要求。 (2)了解三维激光扫描设备的部件组成、功能、使用方法及操作规范。 (3)熟练使用相关软件进行点云数据的处理
任务场景	选择场地要求:独立成形的小堆体;堆体保持稳定,以便数据能在20分钟内完成采集,如下图所示。

2. 获取资讯

了解任务要求,收集三维激光立面测绘工作过程资料,了解三维激光扫描仪的部件组成、功能等,学习三维激光扫描仪的操作使用说明书,按照使用方法,规范操作三维激光扫描仪。

引导问题1:三维激光扫描仪测量系统原理是什么?

引导问题2:三维激光扫描系统主要由哪些部分组成?

引导问题 3：地面式三维激光扫描系统外业数据采集包括哪些内容？

引导问题 4：地面三维激光点云数据获取的前期技术准备工作有哪些？

引导问题 5：点云数据处理包括哪些内容？

3. 工作计划

按照收集的资讯制定某基坑或堆体的土石方工程量测量的任务实施设计方案，完成表 2-39。

某基坑或堆体的土石方工程量测量的任务实施设计方案

表 2-39

步骤	主要工作内容	负责人

4. 工作实施

（1）根据任务要求，选择测量场地

（2）前期数据准备

（3）现场踏勘

（4）扫描站点及靶球布设

（5）控制测量及点云数据采集

（6）数据拼接、坐标转换

（7）点云数据检查、过滤及数据导出

（8）利用软件（如 JRC 软件）进行体积、填挖方计算

（9）精度检查、成果报告输出

2.4　施工机器人应用案例

施工机器人-
基础知识

2.4.1　基础知识

1. 建筑施工机器人概述

（1）基本概念

建筑施工机器人是指应用服务于土木工程领域的机器人，不仅可以替代人类执行简单重复的劳动，而且还能确保工作质量的稳定高效。此外，建筑施工机器人可以在各种极端严酷的环境下长时间工作，避免了人工工作的安全隐患，适应性极强，操作空间大，且不会感到疲惫，这些特征都使得建筑施工机器人拥有比人类更大的优势。

据统计，建筑施工机器人工作消耗的时间只有人工消耗时间的 57.85%，机器人自动化设备的平均净工作成本为传统方法的 51.67%，与手工劳动相比建筑施工机器人工作质量更高，其返工和报废成本降低 66.76%。

知识链接

2022 年 1 月，住房和城乡建设部印发的《"十四五"建筑业发展规划》中指出要加快建筑机器人研发和应用。规划中提到，加强新型传感、智能控制和优化、多机协同、人机协作等建筑机器人核心技术研究，研究编制关键技术标准，形成一批建筑机器人标志性产品。积极推进建筑机器人在生产、施工、维保等环节的典型应用，重点推进与装配式建筑相配套的建筑机器人应用，辅助和替代"危、繁、脏、重"施工作业。

（2）种类及作用

建筑施工机器人可以参照一般机器人，按下述方式进行分类。

①按运动类型分类

按运动类型的不同，建筑施工机器人可以分为固定基座机器人、移动机器人和交互机器人三类，如表 2-40 所示。

建筑施工机器人按运动类型分类　　　　　　　　　　　　　表 2-40

序号	类型	特点	例图
1	固定基座机器人	指具有固定基座的机器人，机器人整体不能移动，但可以在固定住的基座上通过机械臂工作。例如焊接钢构件的焊接机器人	
2	移动机器人	指可以自由移动的机器人，常见的类型有轮式、履带式，常用于运输用途或移动式施工等	

续表

序号	类型	特点	例图
3	交互机器人	指可穿戴式机械骨骼,它可以同人类的手势、动作等进行实时交互,并进行反应动作	

②按使用空间分类

按使用空间的不同,建筑施工机器人可以分为路基机器人、水下机器人、空基机器人三类,如表 2-41 所示。

建筑施工机器人按使用空间分类 表 2-41

序号	类型	特点	例图
1	路基机器人	指在陆地上工作的建筑施工机器人,例如抹灰机器人、检测机器人等	
2	水下机器人	指可以在水下进行工作的机器人,多用于水下管道检查和维修	
3	空基机器人	指在空中飞行进行工作的机器人,在建筑领域中目前尚处于研发阶段,主要用于测绘方面	

③按工作类型分类

按工作类型的不同,建筑机器人可以分为生产机器人、建造机器人、运输机器人、维修检测机器人、拆除机器人和挖掘清障机器人六类,如表 2-42 所示。

建筑施工机器人按工作类型分类　　　　　表 2-42

序号	类型	特点	例图
1	生产机器人	生产机器人多用于模块化施工的预制构件生产。生产机器人可以自动读取操作系统中的 CAD 图纸或者 BIM 模型中的构件数据，实现自动化运行，生产出规定尺寸的钢筋混凝土构件	
2	建造机器人	建造机器人为建筑施工机器人中最常见且应用最广泛的一种类型，这类机器人主要是代替人工在现场进行建筑主体或装饰装修等施工工序	
3	运输机器人	运输机器人的主要作用是在建筑施工现场帮助施工人员运输建筑材料，多用于高层建筑	
4	维修检测机器人	维修检测机器人指用来辅助人工进行建筑或者基础设施维修的机器人	
5	拆除机器人	拆除机器人指专门用来拆除建筑的机器人	
6	挖掘清障机器人	挖掘清障机器人指专门进行挖掘工作和清障工作的机器人	

2. 喷涂机器人概述

建筑施工机器人种类繁多，下面以某公司研发生产的喷涂机器人为例，介绍基本情况及施工作业流程。

（1）基本简介

喷涂机器人主要应用于建筑行业的室内装饰装修领域，主要用于刮腻子，乳胶漆喷涂内墙、天花板等场景。其体型小巧，可在标准精装修户型内出入自如，适用于住宅、商业、酒店等室内装修，作业高度不高于 4.6m。其显著特点是高质量、高效率和高覆盖，根据规划路径自动行驶并完成喷涂。该喷涂机器人 8h 腻子施工量为 $800 \sim 1000\text{m}^2$，为人工效率的 $8 \sim 10$ 倍；乳胶漆施工量为 $3000 \sim 4000\text{m}^2$，与人工手持喷涂机相比，效率提升 $2 \sim 3$ 倍。图 2-28 所示为喷涂机器人外观及应用。

(a) 喷涂机器人外观   (b) 喷涂机器人应用

图 2-28　喷涂机器人

（2）功能特点

①适用于底漆及面漆喷涂，适用于墙面、顶棚、飘窗等全户型喷涂。

②可实现喷涂路径自动规划，高效输出。

③可实现电池状态实时监测、涂料重量实时监测（涂料消耗率、余料不足等）和喷涂状态实时监测（如喷嘴堵塞、泄漏等）。

④可实现 APP 远程操作（如匹配地图、远程停止等）。

（3）结构特点

喷涂机器人分为 AGV 底盘和上装主体结构。

① AGV 底盘

喷涂机器人的 AGV 底盘如图 2-29 所示。采用通用型模块化底盘，标准化设计，方便维护，上盖板兼容多种上装结构，可拆换，一车多用，方便后期多款机器人使用，降低成本。AGV 底盘的主要参数如表 2-43 所示。

②上装主体结构

喷涂机器人上装主体结构如图 2-30 所示。

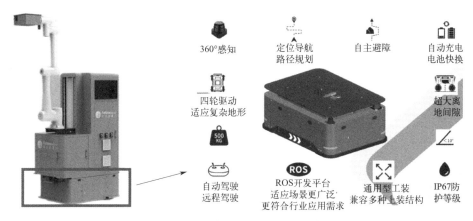

图 2-29　喷涂机器人的 AGV 底盘

AGV 底盘主要参数　　　　　　　　　　　　　　　表 2-43

序号	名称	参数
1	外形尺寸	1030mm×800mm×490mm
2	运行速度	≤0.5m/s
3	运动模式	双舵轮＋双可控轮、四舵轮
4	越障高度	40mm
5	越沟宽度	50mm
6	最大爬坡	10°
7	自重	300kg
8	载重	500kg
9	续航时间	5h
10	充电时间	3h
11	电池容量	100Ah(可拆换)

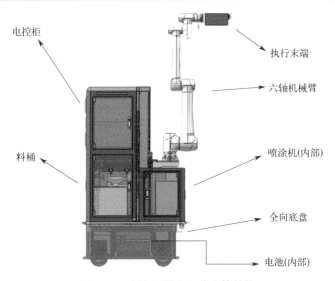

图 2-30　喷涂机器人上装主体结构

上装主体结构的模块特点及主要参数如表 2-44 和表 2-45 所示。

上装主体结构模块特点 表 2-44

序号	模块	特点
1	AGV 全向底盘(含电池)模块	主要用于机器的行走、转向,并支撑电控柜模块
2	电控柜模块	主要用于机器的控制系统元器件的固定和防护
3	六轴机械臂模块	主要用于执行喷涂作业动作
4	喷涂机模块	主要用于给喷枪提供高压涂料
5	执行末端模块	可快速更换作业机械终端
6	料桶模块	主要用于存放喷涂需要的涂料、腻子
7	手持平板设备	可以安装"喷涂机器人软件",软件含喷涂项目管理、喷涂作业任务、维护和喷涂实时数据查看等功能,可用该平板进行喷涂任务操作

上装主体结构主要参数 表 2-45

技术参数	参数说明	技术参数	参数说明
车身尺寸	1030mm×800mm×1760mm	转弯半径	全向移动,无转弯半径
本体重量	680kg	爬坡能力	≤10°
作业高度	4.6m	越障能力	30mm
作业工效	100m²/h	车体材质	钣金材质
运行方式	四轮驱动、激光定位、无轨化行走	防护等级	IP54
持续运行时间	5h	供电方式	48V 100Ah DC 磷酸铁锂电池组
最大速度	0.5m/s	充电方式	手动
定位精度	±10mm	通信方式	Wi-Fi 2.4GHz/5GHz
刹车距离	≤0.1m	执行机构	六自由度工业协作机器人,运动精度±0.02mm

(4)喷涂机器人使用安全

喷涂机器人的使用应遵守国家规定的机器人安全相关法规,正确安装、使用安全保护装置。设备安全标识如表 2-46 所示。

喷涂机器人设备安全标识 表 2-46

序号	内容	标识
1	急停按钮:在显示屏下方配置急停按钮,在遇到紧急或突发事故时按下,马上停止设备运行。急停按钮可通过旋转复位	
2	电击危险标志:操作或维护维修的过程中,有触电的风险,请勿触碰设备电气元件。在需对本产品进行维护维修时,请断电并上锁挂牌后进行下一步操作	

续表

序号	内容	标识
3	机械伤人标志:在标志挂放处应小心使用机械设备,以免造成人身伤害	⚠警告/WARNING 挤压注意 请勿将手伸入 PRESS KEEP HANDS AWAY
4	注意安全标志:在机器人作业时,周围人员务必保持高度警惕并保持安全距离,避免发生意外时造成人身伤害	⚠警告/WARNING 机械臂危险区域 禁止靠近 ROBOT ARM DANGER ZONE PROHIBIT NEARING
5	操作要求:在进行机器人相关操作时,必须按照规程要求进行严格操作	必须按规程操作 ACCORDING TO THE RULES OF OPERATION
6	机器人作业时禁止打开机身上的柜门,避免发生安全意外或机器故障	⚠警告/WARNING 机器运转时 禁止开门 DO NOT OPEN THIS DOOR WHEN THE MACHINE IS IN MOTION

3. 喷涂机器人使用

使用喷涂机器人进行墙面喷涂作业的流程为:喷涂机器人点检—前置条件确认—腻子、涂料搅拌—喷涂机器人作业—工完料清。

（1）喷涂机器人点检

在喷涂机器人开机作业前应对设备进行点检,确认设备的完好性以及机器人的原点位置,检查部位包括底盘、上端、机械手臂等;点检项目包括舵轮是否松动,有无异物等共计 22 项,详见"2.4.2 应用案例"中的表 2-53。

（2）前置条件确认

喷涂作业前,应对前置条件进行确认,内容包括以下几项。

①工作场所所在区域能够方便机器人运动（无土建遗留问题,如裸露钢筋、地泵管道洞口等）,地面平整度≤5mm,斜度小于 6°,完成相关找平工作。

②作业墙面基层处理完成,无浮灰、钢筋凸起、不平整等问题;作业现场应无墙板、窗、砌块等材料堆放,无其他杂物堆放;运行通道最小门洞尺寸:高≥1.8m,宽≥0.9m。

③喷涂作业进行过程中,应避免现场人员在喷涂机器人之间频繁走动,并与机器人保

持 5m 以上安全距离；顶棚消防管道类设施在喷涂后进行安装。

④工作场地提供 220V 供电，供电功率 5kW，设有满足作业要求的配电箱，提供水源及废水处理区域。

（3）腻子、涂料搅拌

①腻子搅拌

准备干净的容器，腻子粉和水按照一定的比例进行搅拌（配比值需要根据腻子品牌与型号的实际情况进行黏稠度标定，配比值并不固定），先倒入称量好的水，再倒入相应的腻子粉，使用搅拌机搅拌均匀，确保无粉末粘结于容器壁和底部，静置 5min 后，继续搅拌确认容器内无沉淀、无结块后，倒入专用的研磨机进行过筛研磨处理，处理结束后方可使用。每个批次的腻子都需要使用黏度杯测试黏度，以确保腻子黏度一致性，最后将混合好的腻子统一加入机器人的料桶中。腻子搅拌步骤如图 2-31 所示。

(a) 称量水重量　　　(b) 称量腻子粉重量　　　(c) 腻子搅拌均匀　　　(d) 腻子过筛研磨

图 2-31　腻子搅拌步骤

②涂料搅拌

打开涂料桶，根据面漆配比分别计算漆水重量，注意需去除桶净重，且称重前需将秤归零，称重时读数需稳定 5s 以上。使用搅拌机搅拌涂料 2min 以上，搅拌后需要人工对倒 4 次以上以充分搅拌均匀，每个批次的涂料要使用黏度杯测试涂料的黏度，以确保涂料黏度一致性，最后将混合好的涂料加入机器人的料桶中。加料完成后，对空桶内进行试喷作业，喷至涂料或者腻子黏稠度稳定后再进行正常施工作业。涂料搅拌步骤如图 2-32 所示。

(a) 称量水、涂料重量　　　(b) 涂料搅拌均匀　　　(c) 黏度杯测试

图 2-32　涂料搅拌步骤

（4）喷涂机器人作业

①设备开机

设备开机分成上装开机和 AGV 底盘开机两部分，从而实现机器人整体开机运行。开机方式和指示按钮如表 2-47 所示。

设备开机方式和指示按钮   表 2-47

序号	开机方式和指示按钮	特点	例图
1	上装开机操作	上装两路电源操作开关如右图所示，左一开关为 220V 交流供电开关，给喷涂机供电，顺时针旋转至垂直方向时，为电源开启状态，逆时针旋转至水平方向时，为电源关闭状态。 右一开关为 48V 直流供电开关，负责给电控箱模块供电，顺时针旋转至垂直方向时，为电源开启状态，逆时针旋转至水平方向时，为电源关闭状态	
2	上装操作指示按钮	上装操作指示按钮如右图所示。电源指示开关为上装供电正常指示标志；初始化开关为当机器处于初始化状态时，蓝色按钮会处于亮灭交替闪烁之中；复位开关为机器处于报警状态时，按下黄色按钮可消除报警状态；暂停开关为暂停施工作业，停止机器人当前动作	
3	AGV 底盘开机操作	AGV 底盘开机操作按钮如右图所示。急停开关为紧急制动按钮，遇到紧急情况可按下急停，停止机器人所有动作；电源开关为底盘电源开关，控制底盘供电；切换开关为切换底盘供电模式，缺电时可切换至上装电池供电；复位开关为复位系统；触边失效为感应碰撞后停止前进，防止人员操作误触，需人工恢复	

②喷涂机器人 APP 操作系统

一是操作系统登录。在手持平板电脑上打开喷涂机器人操作软件，进入登录页面。接着输入喷涂机器人 IP 连接机器人（由管理员提供），如设备已经登录过，将会有历史 IP备份，可以在下拉的历史记录列表中选择，如图 2-33(a) 所示。最后输入账号、密码进行登录，如图 2-33(b) 所示。

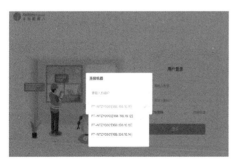

(a) 输入喷涂机器人IP   (b) 输入账号、密码登录

图 2-33 喷涂机器人 APP 操作系统登录

　　二是操作系统应用。进入 APP 操作界面，左边为主菜单选项，包括机器状态、机器人作业、上装操控、底盘遥控、故障管理及参数设置共 6 项，右边为对应的菜单操作项（表 2-48）。其中每个界面均显示手自动切换按钮与急停、复位按钮。机器运行过程中，按下急停按钮，可使机器瞬间停止工作，再次点击急停按钮，机器复位。长按故障复位按钮使机器恢复正常，点击手自动模式切换可以实现两种工作状态的切换。

操作系统主要功能　　　　　　　　　　　　表 2-48

序号	主菜单名称	菜单主要功能	操作界面示意图
1	机器状态	在基本状态界面,显示机器喷涂压力、电池温度、电压、电流、底盘设置速度等基本信息	
2	机器人作业	有手动模式和自动模式 2 种。手动模式为机械臂展开后,输入需要作业的参数,包括起始高度和终止高度、喷枪的枪距、喷枪左右角度以及作业速度等,按启动按钮开始施工作业。自动模式为机械臂展开后,设置自动喷涂作业墙面的起始高度和终止高度,点击启动按钮开始自动作业	
3	上装操控	用于参数设置,控制机械臂各种动作姿态,如打包姿态、展开姿态、待机和清洗姿态等,控制启动腻子机、喷头等	
4	底盘遥控	可手动移动底盘前后左右移动与左旋右旋,设置底盘直行、横移及旋转速度	
5	故障管理	显示当前故障中信息,机器报警后显示对应故障类型、警告和提示的信息	

续表

序号	主菜单名称	菜单主要功能	操作界面示意图
6	参数设置	用于施工参数设置,可设置机器人喷涂作业时的离墙间距(mm),机械臂横向移动的间距(mm,控制喷涂覆盖面),机械臂喷涂的速度(mm/s)及底盘作业每次移动距离(mm)	

（5）工完料清

①料筒清洗

首先打开排污阀将料桶中剩余涂料排放到临时存放的料桶,开回流阀将回流管中的涂料排放至料桶后再排至临时存放的料桶;接着加清水至料桶,清洗料桶,可以使用毛刷清洗筒壁内部,待料桶内污水排净关闭排污阀,妥善处理废水;最后更换清水,重复上述步骤直至料桶内壁残余涂料清洗干净并完全排出,判断标准为料桶内壁是否有涂料残余。

②喷涂机清洗

在每次喷涂作业完成后须立即对喷涂设备进行清洗,以免管路或喷嘴堵塞,影响下一次喷涂作业。清洗方法为首先打开回流阀,将喷涂机管路中的液体排空;接着关闭回流阀,向料桶中加入清水,打开喷涂机,直到喷嘴喷出清水 30～60s 后,关闭喷枪打开回流阀,排出污水;最后加清水重复 2～5 次,至喷枪喷出清水,将料桶及喷枪洗净。

喷涂机器人的维护与保养内容详见表 2-49。

喷涂机器人维护与保养内容　　　　　　　　　　　　表 2-49

序号	维护与保养内容
1	手持平板终端使用时须佩戴防尘套
2	机器人充电均须选用稳定的 220V 电压
3	每天作业完成后清理机器上灰尘及杂物
4	每次喷涂作业完成后须立即进行喷涂设备清洗
5	每天作业前和作业后在喷涂机柱塞泵处添加润滑油
6	在喷涂过程中遇到喷涂不畅的情况,要及时检查、清洗吸料管的过滤网,一般每次作业结束后清洗一次过滤网
7	机器使用三个月后,需打开泵盖检查液压油是否清洁、缺少
8	定期检查各紧固件是否松动,各密封件是否泄漏
9	每次作业前应手动检测喷涂机是否能达到设定的喷涂压力(15～25MPa)
10	每次作业前应在手动模式下,控制上装结构进入展臂模式,打开两侧喷枪,在喷枪位置处放置 1 个空桶,将上次作业清洗后残留在管道内的水排尽,以免影响喷涂质量

4. 常见故障及处理方法

喷涂机器人常见故障及处理方法详见表 2-50。

喷涂机器人常见故障及处理方法 　　　　表 2-50

序号	常见故障	处理方法
1	(1)雾化小、滋水 (2)无涂料喷出	(1)检查回流阀是否完成并关闭(人工操作喷涂机上的回流阀旋钮); (2)检查涂料是否充足,并保证进料口浸没在涂料中; (3)将进料口换成清水,回流后打开喷嘴进行喷涂操作,检验喷涂雾化是否正常,同时观察表盘上的压力值是否正常(一般设置在 15~25MPa); (4)卸下喷嘴,检查喷涂涂料并检测喷枪管路是否堵塞,同时使清洗喷嘴至无乳胶漆残留
2	(1)机器人偏移预设路径 (2)机器人有碰撞周围物体风险 (3)机器人移动路径上有较大障碍物或沟壑	暂停机器人作业或拍下红色急停按钮,排除故障或障碍物后,切换到手动模式,下发定位,重新开始作业
3	出现程序故障报警、机器人作业过程中自动中断作业、站点位置异常等	暂停机器人作业,重启电源
4	喷涂作业过程中,出现压力不稳或压力达不到预设压力	(1)检查吸料管头是否完全浸入涂料中 (2)检查吸料口是否有堵塞 (3)检查料管带过滤器的转接头是否有堵塞 (4)检查吸料口接头是否松动或有滴漏
5	上装机械臂运行过程中,出现急停、故障等现象	进入安全模式,在安全模式中复位,然后移到宽敞的位置,机械臂回原点并排查修复

2.4.2　应用案例

施工机器人-
应用案例

下面以某装配式混凝土结构工程为例，完成某结构部分的墙面机器人喷涂作业实训任务。

1. 任务书（表 2-51）

墙面机器人喷涂作业实训任务书

表 2-51

任务背景	完成某结构部分的墙面机器人喷涂作业
任务描述	(1)施工单位已完成装配式混凝土建筑主体工程施工,现须操作喷涂机器人完成第 2 层作业墙体的腻子喷涂任务,并完成施工数据的记录。 (2)作业墙体长 3m,高 3.3m,为平整的钢筋混凝土墙面,无门窗洞口,墙面基层处理已完成
任务要求	学生须根据腻子喷涂质量验收要求,利用喷涂机器人喷涂腻子,完成任务描述中所述的工作任务
任务目标	熟练掌握腻子喷涂验收内容及验收标准;能够操作使用喷涂机器人及对机器人进行保养
任务场景	作业墙体长度 3m,高度 3.3m,立面如下图所示 3000 3300　　3300 3000

2. 获取资讯

了解任务要求，观看喷涂机器人施工作业视频，学习喷涂机器人的结构及操作方法，设置喷涂机器人操作 APP 参数，掌握喷涂机器人应用技能。

引导问题 1：建筑施工机器人是如何分类的？

引导问题 2：喷涂机器人上装主体结构的模块特点是什么？

引导问题 3：使用喷涂机器人进行墙面喷涂作业的流程是什么？

引导问题 4：喷涂机器人设备的开机方式及特点是什么？

引导问题 5：如果要设置自动喷涂作业墙面的起始高度和终止高度，应在以下哪个界面中进行参数设置？（　　　）

A. 机器状态　　　B. 机器人作业　　　C. 上装操控　　　D. 底盘遥控

E. 故障管理　　　F. 参数设置

3. 工作计划

按照获取的资讯为使用喷涂机器人进行墙面喷涂作业的流程制定实施方案，完成表 2-52。

基础墙面机器人喷涂任务实施方案　　　　表 2-52

步骤	工作内容	负责人

4. 工作实施

（1）完成喷涂机器人点检任务（表 2-53）

喷涂机器人点检记录表　　　　表 2-53

部位	序号	点检项目	是否合格
AGV 底盘	1	舵轮是否松动,有无异物	
	2	启动按钮是否正常	
	3	8 位激光传距仪是否正常	
上装主体	1	三色灯是否显示正常	
	2	显示屏是否显示正常	
	3	按键是否松动,功能是否正常	
	4	电池电量是否充足	
	5	整机外观是否变形	
	6	喇叭功能是否正常	
	7	升降机构螺栓是否松动,是否润滑	
	8	料筒是否有渗漏现象	
	9	管道是否松动,是否渗漏	
机械手臂	1	末端机构是否变形	
	2	喷嘴磨损是否严重	
	3	保护罩是否损坏	
	4	管线是否松脱破损	
功能	1	手动喷水,喷枪是否堵塞	
	2	手动喷水,压力是否稳定	
	3	底盘行走是否正常	
	4	语音播报功能是否正常	
	5	机械手臂动作是否干涉,正常	
	6	手持 iPad 操作是否正常	

（2）施工数据记录（表 2-54）

基础墙面机器人喷涂施工数据记录表

表 2-54

时间	
喷嘴型号	
离墙距离/mm	
喷幅宽度/mm	
喷幅重叠比例/%	
机械臂移动速度/(mm/s)	
腻子/水配比	
腻子厚度/mm	
施工面积	
施工用时	
施工用料	

（3）工完料清、设备维护记录（表 2-55）

基础墙面机器人喷涂工完料清、设备维护记录表

表 2-55

项目	检查项	检查结果
工完料清	料筒清洗干净,内壁无残余	
	喷涂机和喷枪清洗干净	
	施工垃圾清理干净	
设备维护	喷涂机柱塞泵添加润滑油	
	清洗吸料管的过滤网	

2.5 智能砌筑应用案例

2.5.1 基础知识

1. 智能砌筑概述

改革开放以来，我国建筑业持续快速发展，是国民经济的重要支柱产业。其中全国建筑施工各类砌体年总用量 15 亿立方米，全国建筑业砌体砌筑施工产值达到 4000 亿。目前中国建筑砌筑市场工具原始导致砌筑效率低下；业态原始导致产业工人无法进入，从业人员青黄不接，老龄化问题严重；砌筑作业劳动强度高，作业条件差，施工质量下行，建造人工成本上行压力持续增大等特点影响建筑工业化转型升级，技术革新已然迫在眉睫。业内人士纷纷指出，应当加速研发应用智能建筑机器人，使得建筑的各个环节都能像汽车生产一样。2020 年，住房和城乡建设部等部门相继出台了《关于推动智能建造与建筑工业化协同发展的指导意见》和《关于加快新型建筑工业化发展的若干意见》，鼓励应用建筑机器人和工业机器人。

利用智能砌筑施工机器人砌筑墙体，完全取代人工砌筑的施工方式，使得砌筑环节实现效率、品质、安全等要素的全面提升，同时也能减少人工，节省成本，在一定程度上解决劳动力不足的难题，并且在墙体与框架梁、框架柱间连接施工关键技术上，能满足防震要求。砌筑机器人市场热度不断提升，获得了建筑行业的高度关注。砌筑业推行机器人代人，从而提质增效，逐步实现少人化的理想应用场景。相比于传统人工砌筑，以砌筑机器人为核心的机械化砌筑具有以下三大优势：一是以高效的砌筑机器人为核心装备大幅度降低砌筑作业的劳动强度，提升作业效率；二是砌筑从业人员技能化及产业化跟上建筑业整体工业的发展脚步；三是以机器人替人，实现少人化，1 个机器人班组日砌筑量相当于 6 名工人额定日工作量砌筑分包业务的利润水平。

2. 智能砌筑设备与材料

（1）砌筑施工机器人

目前，国内外砌墙机器人 8 个小时最多可以完成 3000～5000 块墙体砖。砌墙机器人能够一次抓取、砌筑多块墙体砖，不需要人工配合，并且在墙体与框架梁、框架柱间连接施工关键技术上，能满足防震要求，做到砌墙时不落灰。砌墙机器人系统主要包含原供砖系统、机器人砌筑系统和灌浆系统等，系统功能如表 2-56 所示。砌墙机器人系统布置、砌筑示意图如图 2-34 和图 2-35 所示，现场安装可根据场地实际情况作相应调整。

砌墙机器人系统功能 表 2-56

序号	系统名称	系统功能
1	供砖系统	（1）供砖系统主要由输送带组成，配置检测开关和自动启停功能。 （2）供砖系统为机器人输送提供砌墙砖，通过与机器人本体和集中控制系统的信号互通，实现供砖节拍与砌砖节拍的同步契合，从而达到实时供砖的运行节拍

续表

序号	系统名称	系统功能
2	机器人砌筑系统	（1）机器人砌筑系统是根据全新的砌筑灌浆工艺,自主研发设计的一套自动化砌筑系统,主要由 6 轴机器人和行走轨道组成,机器人安装在行走轨道上,满足不同位置的墙体砌筑要求,行走轨道由伺服电机驱动,通过齿轮齿条传动,实现高精度移动和定位。 （2）机器人的夹爪也是根据新砖型的结构和样式特制的,夹爪的特点在于可以一次性夹取两块或多块沃勒砖,在满足机器人负载的前提下,夹爪可以尽可能多地夹取砖体,所以在相同的机器人运行节拍频率下,机器人的砌筑效率比传统砌墙机器人的工作效率高出了两倍甚至数倍
3	灌浆系统	（1）灌浆系统是专门为砌筑工艺(灌浆) 而设计的一套全新的机构。 （2）主要由移动平台、搅拌机、砂浆泵、供浆管道、压力传感器、流量传感器和灌浆嘴等机构组成,供浆系统配置 PLC 集成,实时监测和控制砂浆的搅拌、砂浆的供给和砂浆浇灌的工序和动作。 （3）在教学和实训中,只需按指定配比将砂浆原材料倒入搅拌机中,按下灌浆系统启动开关,搅拌机自动将原料搅拌均匀,当灌浆系统接收到供浆和出浆信号后,砂浆泵和出口阀自动开启,配合机器人完成供浆和灌浆工序

图 2-34　砌墙机器人系统布置示意图

图 2-35　砌墙机器人砌筑示意图

（2）砌筑材料

①砌筑砖

机器人施工配套使用的墙体砖，适用于工业和民用建筑墙体工程的承重墙和非承重墙。墙体砖作为一种创新型建筑材料，其外形采用独特设计，通过多面凸出棱边的造型样式，构成纵横拼搭的榫卯结构。经过精密计算后对墙体砖底部进行了不规则盲孔开洞，通过控制砖体重量以减少机器人或人工的工作强度，使墙体连结相较于使用传统墙砖更稳固，墙体结构更安全，极大地简化了砖墙施工工艺，降低了工人的作业强度，提高了施工效率及结构稳定性。其既适用于机器人砌墙，也适用于人工砌墙（图 2-36）。

图 2-36　机器人砌筑配套墙体砖

②混凝土墙体砖

以水泥、矿物掺合料、砂、石、水等为原材料，经搅拌、振动成型、养护等工艺制成小型砖块（图 2-37）。砖块按孔洞率分为空心砖块（孔洞率≥40%，代号：H）、多孔砖块（25%≤孔洞率<40%，代号：P）和实心砖块（不带孔洞或孔洞率<25%，代号：S）。

(a) 空心砖块　　　　　　　　　　　(b) 实心砖块

图 2-37　混凝土墙体砖

砖块按下列顺序标记：砖块种类、规格尺寸、强度等级（MU）、标准代号。标记示例：规格尺寸 390mm×190mm×190mm，强度等级 MU15.0、承重结构用实心砖块，其标记为：LS 390mm×190mm×190mm MU15.0 GB/T 21144—2023。

砖块的强度等级如表 2-57 所示。

砖块的强度等级（单位：MPa）　　　　　表 2-57

砖块种类	承重砖块(L)	非承重砖块(N)
空心砖块(H)	7.5、10.0、15.0、20.0、25.0	5.0、7.5、10.0
多孔砖块(P)		
实心砖块(S)	15.0、20.0、25.0、30.0、35.0、40.0	10.0、15.0、20.0

（3）砌筑砂浆

①湿拌砂浆

由水泥、细骨料、矿物掺合料、外加剂、添加剂和水按一定比例，在专业生产厂经计量、搅拌后运至使用地点，并在规定时间内使用的拌合物。湿拌砂浆分类如表 2-58 所示。

②干混砂浆

由胶凝材料、干燥细骨料、添加剂以及根据性能确定的其他组分，按一定比例，在专业生产厂经计量、混合而成的干态混合物，在使用地点按规定比例加水或配套组分拌合使用。干混砂浆分类如表 2-59 所示。

湿拌砂浆分类　　　　　表 2-58

项目	湿拌砌筑砂浆	湿拌防水砂浆
强度等级	M5、M7.5、M10、M15、M25、M25、M30	M15、M20
抗渗等级	—	P6、P8、P10
稠度*/mm	50、70、90	
保塑时间/h	4、6、8、12、24	

* 可根据现场气候条件或施工要求确定

干混砂浆分类　　　　　表 2-59

项目	干混砌筑砂浆	干混普通防水砂浆
强度等级	M5、M7.5、M10、M15、M25、M25、M30	M15、M20
抗渗等级	—	P6、P8、P10

3. 砌墙机器人施工工艺

使用砌墙机器人的目的，是使用机器人代替人工砌墙，使用机械化、智能化的工程机械替代"危、繁、脏、重"的人工作业，完善工程质量、安全保障体系，提升建筑工程的抗震防灾能力。

①施工现场基本条件（表 2-60）

施工现场基本条件　　　　　表 2-60

序号	结构形式	基本条件
1	框架结构	(1)混凝土柱、梁和楼板完成浇筑且混凝土强度达到设计强度,能够开始墙体施工。 (2)机器人能够通过施工电梯,到达工作面。 (3)混凝土模板拆除并外运,工作面完成清理,工作面无障碍物影响砌墙机器人通行
2	砖混结构	(1)混凝土圈梁完成浇筑且混凝土强度达到设计强度,能够开始墙体施工。 (2)机器人能够通过施工通道或施工电梯,到达工作面。 (3)工作面完成清理,工作面平整,且无障碍物影响砌墙机器人通行

②作业前准备工作（表 2-61）

作业前准备工作 表 2-61

序号	准备工作
1	机器人收到作业指令,明确工作任务
2	计算并向项目部提交需要的墙体砖和砂浆的种类和数量
3	工作面具备机器人作业条件
4	电气准备:工作面具备 380V 施工电源
5	墙体砖已按要求运抵工作面
6	将各种墙体砖摆放在沃勒机器人的供砖平台的固定位置
7	检查并核实墙体基层是否满足设计条件
8	检查并核实混凝土柱的墙砖预留槽是否满足设计条件
9	机器人本体和 BOP 各系统连接电源
10	机器人启动自检,控制系统无异常报警
11	检查并核实机器人的应急开关是否工作正常
12	在机器人的人机界面屏输入墙体编号,并保存
13	检查并核实机器人是否回归零点位置
14	通知项目部运送砂浆
15	将砂浆注入砂浆罐,在机器人的人机界面屏启动砂浆搅拌机
16	学员离开机器人作业区域

③工作状态与流程介绍（表 2-62 和表 2-63）

砌墙机器人工作状态一览表 表 2-62

序号	状态名称	状态特点
1	待机状态	砌筑 AGV 和供砖 AGV 平常均停放在等待区,等待工作指令或进行充电操作
2	充电状态	(1)当砌筑 AGV、供砖 AGV、机器人电源电量不足时,砌筑 AGV 和供砖 AGV 自动运行到充电区域进行充电,充电完成后自动回到等待区等待工作指令。 (2)同时可手动操作砌筑 AGV、供砖 AGV、机器人电源进行充电
3	砌筑状态	需要进行砌墙演示时,操作人员在操作区内,在控制面板上下达工作指令,机器人和 AGV 从等待区开始工作,直到演示完成后,AGV 均回到等待区内

知识链接

AGV（Automated Guided Vehicle）是一种自动导航的无人驾驶车辆，主要用于工业和商业环境中的物料搬运和运输任务。

砌墙机器人工作流程介绍一览表 表 2-63

序号	流程介绍
1	操作人员先把墙体砖按固定位置与方向摆放在供砖 AGV 上
2	确认各设备电量充足及状态正常,无报警与异常提示,再确认受限区内无其他人员

序号	流程介绍
3	(1)人员在操作区内,在总控制系统中选择相应的砌筑方案,按下启动按钮后,操作人员离开操作区。 (2)关好安全门,旋起安全门上急停按钮,然后按下安全门上启动按钮后各系统开始工作(运行过程中发生任何突发情况均应及时按下安全门上急停按钮)。 (3)按下急停按钮或打开安全门后,各系统将停止工作
4	(1)砌筑完成后,砌筑 AGV 和供砖 AGV 回到等待区暂停等待,机器人回到零点并停止运行。 (2)操作人员按下门上急停按钮、保持安全门开启状态后方可进入工作区域、操作区域等受限区域(确认各系统停止,按下各个急停按钮后,方可进行拆砖维修等相关操作)

4. 质量验收要点

(1) 一般规定

与构造柱相邻部位砌体应砌成马牙槎,马牙槎应从柱脚开始,先退后进,每个马牙槎沿高度方向的尺寸不宜超过 300mm,凹凸尺寸宜为 60mm。砌筑时,砌体与构造柱间应沿墙高每 500mm 设拉结钢筋,钢筋数量及伸入墙内长度应满足设计要求。

(2) 砌筑过程中质量控制要点

混凝土砖的生产龄期应达到 100% 设计强度后,方可用于砌体的施工,其控制要点如表 2-64 所示。

质量控制要点一览表　　　　　　　　　　表 2-64

序号	质量控制要点
1	(1)混凝土多孔砖及混凝土实心砖不宜浇水湿润。 (2)在气候干燥炎热的情况下,宜在砌筑前对其浇水湿润
2	(1)砖基础大放脚形式应符合设计要求。 (2)当设计无规定时,宜采用二皮砖一收或二皮与一皮砖间隔一收的砌筑形式,退台宽度均应为 60mm,退台处面层砖应使用丁砖砌筑
3	(1)砖砌体的转角处和交接处应同时砌筑。 (2)在抗震设防烈度 8 度及以上地区,对不能同时砌筑的临时间断处应砌成斜槎,其中普通砖砌体的斜槎水平投影长度不应小于高度(h)的 2/3,多孔砖砌体的斜槎长高比不应小于 1/2。 (3)斜槎高度不得超过一步脚手架高度
4	砖砌体的转角处和交接处对非抗震设防及在抗震设防烈度为 6 度、7 度地区的临时间断处,当不能留斜槎时,除转角处外,可留直槎,但应做成凸槎,留直槎处应加设拉结钢筋
5	砌体灰缝的砂浆应密实饱满,砖墙水平灰缝的砂浆饱满度不得小于 80%
6	(1)砖柱的水平灰缝和竖向灰缝饱满度不应小于 90%。 (2)竖缝采用砂浆自流方法,不得出现透明缝、瞎缝和假缝。 (3)不得用水冲浆灌缝。 (4)砌体接槎时,应将接槎处的表面清理干净,洒水温润,并应填实砂浆,保持灰缝平直
7	(1)拉结钢筋应预制加工成型,钢筋规格、数量及长度符合设计要求,且末端应设 90° 弯钩。 (2)埋入砌体中的拉结钢筋,应位置正确、平直,其外露部分在施工中不得任意弯折

(3) 质量检查

墙体砖、水泥、钢筋、砂浆、复合夹心墙的保温材料、外加剂等原材料进场时,应检查其质量合格证明;对有复检要求的原材料应送检,检验结果应满足设计及相应国家现行标准要求。

 知识链接

砖的质量检查，应包括其品种、规格、尺寸、外观质量及强度等级，符合设计要求后方可用于砖砌体工程施工过程，同时应对主控项目及一般项目进行检查，并应形成检查记录。

5. 监测项目及异常工况处理

砌墙机器人作业监测和异常工况处理

（1）监测项目

砌墙机器人作业监测项目包括机器人动作和节拍、机器人放置墙砖的位置、砂浆搅拌机工作状态、砂浆输送泵工作状态、空压机工作状态、卷管器工作状态、墙体砖数量（提前通知项目部运送墙体砖）和砂浆量（提前通知项目部运送砂浆）。

（2）异常工况处理（表2-65）

异常工况处理　　　　　　　　　　　表 2-65

序号	异常工况	处理方法
1	机器人动作或节拍出现异常，或发出异常声音	(1)按下任何一个应急开关，机器人停止作业。 (2)通知维修工程师处理
2	机器人放置墙砖的位置错误	(1)按下任何一个应急开关，机器人停止作业。 (2)拆除当层已经摆放的墙体砖。 (3)应急开关恢复。 (4)在人机界面屏点击复位键。 (5)在人机界面屏输入墙体砖的层数编号，点击保存。 (6)在人机界面屏点击启动键，机器人恢复自动砌墙作业
3	空压机工作状态异常	(1)空压机停止工作，或空压机压力低于设定值，或机器爪不能夹持墙砖，按下任何一个应急开关，机器人停止作业。 (2)通知维修工程师处理
4	卷管器工作状态异常	(1)卷管器弹簧不正常工作，造成灌浆管拉伸或回收异常，或灌浆管和机器人发生缠绕，按下任何一个应急开关，机器人停止作业。 (2)检查并识别异常原因，应急开关恢复。 (3)在人机界面屏点击复位键。 (4)在人机界面屏选择手动模式，操作机械爪将灌浆嘴放回灌浆嘴底座；在人机界面屏选择手动模式，将机械爪移动到安全位置(离开灌浆嘴底座)。 (5)按下任何一个应急开关，确保机器人不发生误动。 (6)人工拉伸或回收灌浆管，并重复一次。 (7)应急开关恢复，在人机界面屏点击复位键。 (8)在人机界面屏选择手动模式，操作机械爪拉伸或回收灌浆管。 (9)如果机械爪能够正常拉伸或回收灌浆管，机器人恢复砌墙作业；如果机械爪不能正常拉伸或回收灌浆管，通知维修工程师处理

2.5.2　应用案例

下面以某工程砌筑项目为例，完成直墙砌筑实训任务。

1. 任务书（表2-66）

2. 获取资讯

了解任务要求，收集智能砌筑工作过程资料，掌握砌筑施工机器人工具的使用；掌握砌筑墙体数据分析；掌握智能砌筑异常工况处置；学习智能砌筑机器人使用说明书，按照智能管理系统操作，掌握智能砌筑技术应用。

直墙砌筑实训任务书　　　　　　　　　　　　　　　　表 2-66

任务背景	砌筑一段直墙
任务描述	使用砌筑工程施工机器人,进行直形墙体砌筑,保障墙体的平整度、垂直度和截面尺寸偏差符合规范要求
任务要求	学生须根据墙体质量验收要求,利用砌筑机器人砌筑墙体,完成任务描述中所述的工作任务
任务目标	熟练掌握砌筑墙体验收内容及验收标准,了解砌筑机器人的部件组成、功能划分、使用方法及操作规范
任务场景	(1)任务如下图所示:砌筑①轴墙Ⓐ～Ⓑ段、②轴墙Ⓐ～Ⓑ段、③轴墙Ⓐ～Ⓑ段。 (2)要求:满足表面平整度、垂直度、截面尺寸偏差和砌体墙强度指标

引导问题1：机器人砌筑的优势和目的是什么？

引导问题2：砌墙机器人的系统功能包括哪些？

引导问题 3：砌墙机器人的工作流程是什么？

引导问题 4：墙体质量控制要点有哪些？

引导问题 5：砌墙机器人作业出现异常工况如何处理？

3. 工作计划

按照收集的资讯，制定直墙砌筑任务实施方案，完成表 2-67。

直墙砌筑任务实施方案　　　　　　　　　　　　　　　　表 2-67

步骤	工作内容	负责人

4. 工作实施

（1）根据图纸，选择机器人砌筑场景。

（2）砌筑前准备工作记录（表 2-68）。

智能砌筑准备工作记录表　　　　　　　　　　　　　　　表 2-68

类别	检查项	检查结果
设备检查	设备外观完好	
	正常开关机	
	设备电量满足使用时间	
	正常连接移动端	
	设备校正正常	
	设备在维保期限内	

续表

类别	检查项	检查结果
个人防护	安全帽佩戴	
	工作服穿戴	
	劳保鞋穿戴	
环境检查	场地满足测量条件	
	施工垃圾清理	

（3）墙体质量验收数据记录（表 2-69）

墙体质量验收记录表

表 2-69

建设单位		监理单位			
施工单位		验收日期			
验收人员					
序号	验收要点	是否合格	有无异常工况	异常工况处理	责任人
检验人员					

79

2.6 3D打印技术应用案例

2.6.1 基础知识

1. 基本概念

混凝土 3D 打印即采用挤出堆叠工艺实现混凝土免模板成型的建造技术。混凝土 3D 打印建筑即采用混凝土 3D 打印技术建造的建筑物，包括原位 3D 打印建筑和装配式 3D 打印建筑两种形式。原位 3D 打印建筑即在规划设计的位置，采用 3D 打印技术进行施工的建筑，如图 2-38 所示。装配式 3D 打印建筑即采用可靠的连接方式将 3D 打印构件装配而成的建筑。

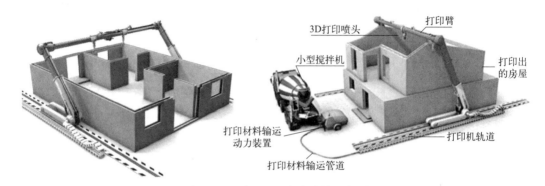

图 2-38 混凝土 3D 打印建筑示意图

2. 混凝土 3D 打印建筑的特点

混凝土 3D 打印可以提高建筑建造的效率、精度和创意性，节约材料和人力，减少建造现场的安全隐患，其特点如表 2-70 所示。

混凝土 3D 打印建筑的特点 表 2-70

序号	项目特点	特点简介
1	提高效率	传统的建筑建造需要大量的人工和时间，而 3D 打印可以通过计算机设计和自动化制造，快速生产出建筑构件和模型，从而提高了效率和减少了制造成本
2	提高精度	3D 打印技术能够实现高精度制造，可以在模型设计和制造中避免传统手工制造时可能出现的误差，从而提高了建筑设计的准确性
3	增强创意	3D 打印技术可以使建筑设计师更容易地尝试不同的设计理念和构造形式，可以帮助设计师快速制造出各种形状和结构的建筑模型，从而激发更多的创意和想象力
4	节约材料	传统建筑制造中，很多材料都需要进行手工裁剪和处理，会浪费大量材料，而 3D 建筑打印可以根据设计要求直接制造出需要的构件，从而减少材料浪费
5	减少人力	3D 打印可以减少建造现场的人工参与，降低了人力成本，同时也减少了建筑现场的安全隐患

3. 建筑 3D 打印机器人

建筑 3D 打印机器人主要由硬件设备与软件系统构成：硬件设备包括打印头（喷头）、导轨、打印臂、打印材料储存装置、打印材料动力输运装置、打印材料输运管路、控制装置；软件系统包括数字化建筑模型及控制软件。用于混凝土 3D 打印的硬件设备包括搅拌设备、输料设备和 3D 打印设备，如图 2-39 所示。将直接打印建筑房屋整体或房屋的一部分、现场打印建筑预制模块及构件、工厂车间打印预制模块及构件的 3D 打印设备称为建筑 3D 打印机，即建筑 3D 打印机器人。由于建筑房屋的体量较大，所以用于打印建造的建筑 3D 打印机的体积也较大，都有一个大跨度的支撑性架构，并配有混凝土 3D 打印头装置，如图 2-40 所示。

图 2-39　混凝土 3D 打印硬件设备示意图

打印头

图 2-40　混凝土 3D 打印头装置

建筑 3D 打印机器人硬件设备有框架型 3D 打印机和机器臂两类，框架型 3D 打印机又分为桌面级、实验室级和工业级 3D 建筑打印机。

（1）桌面级建筑 3D 打印机

桌面级建筑 3D 打印机（图 2-41）外观尺寸是 1370mm×1170mm×1460mm，有效打印尺寸为 600mm×600mm×550mm。主要用途是试验试块、小型构件的打印成型等。

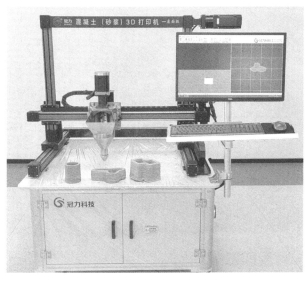

图 2-41　桌面级建筑 3D 打印机

（2）实验室级建筑 3D 打印机

实验室级建筑 3D 打印机（图 2-42）的外观尺寸为 2550mm×2350mm×2520mm，有效打印尺寸为 1800mm×1700mm×1500mm。主要用途为材料试验试件打印成型、结构试验试件的打印成型和景观部品、城市家具的打印成型。

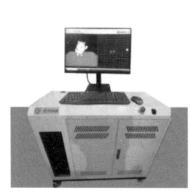

图 2-42　实验室级建筑 3D 打印机

（3）工业级建筑 3D 打印机

工业级建筑 3D 打印机包括中型龙门式和大型龙门式两种：中型龙门式打印机的设备尺寸为 6810mm×4650mm×3710mm，有效打印尺寸为 5500mm×350mm×2500mm（图 2-43）；大型龙门式打印机的设备尺寸为 15800mm×8800mm×5250mm，有效打印尺寸为 12000mm×6000mm×4000mm。主要用途是生产单层房屋建筑、拼装式建筑墙体、各类景观部品、市政构件、异形雕塑、园林项目部品部件等。

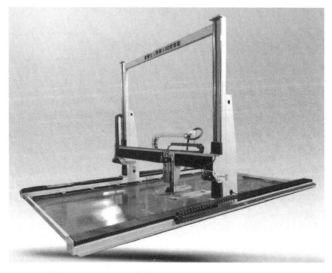

图 2-43　工业级建筑 3D 打印机（中型龙门式）

此外，工业级建筑 3D 打印机还有大型原位级，可根据项目建造面积大小进行定制，适用于 2～3 层别墅、房屋建筑等的原位 3D 打印建造，如图 2-44 所示。

（4）三自由度建筑 3D 打印机器人

移动方式有固定式和履带式，手臂伸展行程 3100mm（工作半径），延长臂长 1000mm。主要用途是试验研究、工业厂房内打印生产、工程现场打印施工等，如图 2-45 所示。

（5）建筑 3D 打印智能控制系统 Moli 软件如图 2-46 所示，功能如表 2-71 所示。

图 2-44 工业级建筑 3D 打印机（大型原位级）

图 2-45 建筑 3D 打印机器人

CAD二维路径模型
三维实体模型
机械臂操作界面 gcode

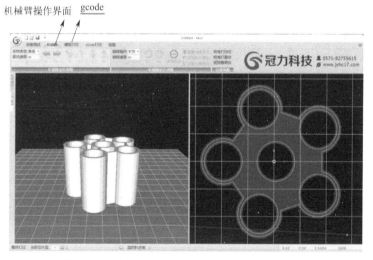

图 2-46 建筑 3D 打印智能控制系统 Moli 软件

建筑 3D 打印智能控制系统 Moli 软件功能 表 2-71

序号	功能
1	三维可视化实时在线交互控制,具有自动切片、智能路径优化和打印预览功能
2	支持三维模型(stl)、CAD 二维路径图形(dwg、dxf、svg)、Rhino 参数化设计建模路径(gcode)及第三方切片 gcode 数据的直接导入、打印
3	具有连续打印、断点交互打印及打印进程保存功能
4	支持模型分块打印,分块区域可新建也可导入任意一个闭合曲线而创建,分块具有独立的子坐标系以及显示面
5	支持可旋转万向打印头的控制功能
6	多角度视图,中英文界面一键替换
7	独具符合建筑 3D 打印特点和需求的填充路径设置功能
8	具有填充路径、填充率打印预览和实时打印进度显示功能
9	支持多种打印材料,包括但不限于 3 种普通硅酸盐水泥基材料、硫铝酸盐水泥基材料、地质聚合物材料及石膏基材料等
10	打印参数根据需求自由设置,打印过程中可实时修改等功能

4. 打印材料

(1) 材料技术

材料技术是建筑 3D 打印最重要的技术之一。3D 打印机是实现材料到产品的一个途径,随着工业精密机床技术和机器人技术的发展趋于成熟,制造一个符合技术要求的 3D 打印机成为可能。能够满足 3D 打印制造产品要求的材料技术是 3D 打印技术的根本,因此拥有合适的建筑 3D 打印材料是实现建筑 3D 打印的重要技术问题之一。

(2) 材料类型

目前用于 3D 打印的混凝土主要分为 3 种类型:普通硅酸盐水泥基 3D 打印混凝土、特种水泥基 3D 打印混凝土及以工业固废为主要原材料的地质聚合物 3D 打印混凝土,主要以水泥基 3D 打印混凝土为主,即以砂浆 3D 打印材料为主。

(3) 材料要求

满足 3D 打印工艺的水泥基复合材料的制备和性能优化是发展 3D 打印的重点与核心。打印材料除了要满足传统混凝土施工工艺对材料的工作性能要求外,还需满足混凝土 3D 打印工艺对材料挤出性、建造性、凝结时间、早期强度等 3D 可打印性能的要求。3D 打印混凝土材料的性能直接决定着构件成型的质量。3D 打印建筑对打印材料的基本要求如表 2-72 所示。

打印材料的基本要求 表 2-72

序号	名称	材料要求
1	强度	(1)用于结构 3D 打印的混凝土强度等级不宜低于 C30,预应力 3D 打印预制构件的混凝土强度等级不应低于 C40。 (2)3D 打印构件中填充的普通混凝土应满足设计要求,且强度等级不宜低于 C25
2	成本适宜和较好的打印性能	由于建筑房屋体量很大,使用的打印材料和粘结材料价格不能太高,否则建筑成本无法接受
3	有较大流量的输运供给	在打印较大体量的建筑房屋时,使用的半流质打印材料必须有较大流量的输运供给,否则打印速度过低,无法实现较大体量建筑正常的建造生产

（4）性能要求

建筑 3D 打印工艺对打印材料的性能要求主要有五个方面，如表 2-73 所示。

建筑 3D 打印工艺对打印材料的性能要求　　　　　　　　表 2-73

序号	名称	性能要求
1	凝结时间	(1) 3D 打印材料应具有初凝时间可调，初、终凝时间间隔短的特点。 (2) 初凝时间可调是指可根据打印长度和高度大小，以及打印速度的快慢调整材料的初凝时间。 (3) 初、终凝时间间隔短，是为了保证打印材料有足够的强度发展速率，保证材料具有在不同高度材料自重下不变形的承载力
2	强度	(1) 打印混凝土应该具有足够的早期强度，特别是 1～2h 打印材料的后期强度应该发展较快，保证在连续 3D 打印施工过程中，对建筑结构整体荷载具有足够的承载力，保证打印体稳固不变形。 (2) 建筑 3D 打印材料的后期强度应保持一定的增长速度，从而满足建筑物本身对材料强度的要求
3	工作性	(1) 打印材料在外力作用下，具有一定的流动性，无外力作用时，要具有保持自身形态不变的特性。 (2) 打印材料从打印头挤出后能够具有承受荷载不变形的能力，能够支撑自重以及打印过程中的动荷载的性能，要求建筑 3D 打印材料具有一定的初期承载力
4	层间粘结性	3D 打印是由层间堆积而成，层间结合部分为混凝土的薄弱环节，良好的粘结性可减少或避免影响混凝土强度的各项特性
5	工业化生产	(1) 建筑材料一般具有用量大、工业化集中生产的特点。 (2) 3D 打印混凝土生产应该满足工业产品化制备，保证打印材料的性能稳定，同时减少在打印过程中材料的损耗，具有方便使用的特点

5. 结构形式

3D 打印建筑常见的结构形式有 3D 打印框架结构、3D 打印剪力墙结构等。

（1）3D 打印框架结构是以 3D 打印柱和 3D 打印梁为主要构件组成的承受竖向和水平作用的结构。3D 打印梁和 3D 打印柱是由混凝土 3D 打印成外壳，壳内放置钢筋笼，灌注混凝土后形成的整体结构。在 3D 打印梁柱连接节点及 3D 打印柱与基础连接节点处受力钢筋应深入节点内锚固或连接，并采用现浇混凝土施工，实现框架梁、框架柱和基础的稳定连接。

（2）3D 打印剪力墙结构是以 3D 打印混凝土剪力墙为主要构件组成的承受竖向和水平作用的结构。3D 打印混凝土剪力墙是由混凝土 3D 打印成外壳、壳内放置竖向钢筋和水平钢筋，灌注混凝土后形成的整体结构。3D 打印混凝土剪力墙截面形式宜设计成 L 形、T 形，截面宜简单、规则，墙体的门窗洞口宜上下对齐、成列布置（图 2-47）。

图 2-47　3D 打印剪力墙结构示意图

6.3D 打印施工技术

3D 打印施工技术包括打印材料干混生产工艺、打印材料预拌生产技术和混凝土 3D 打印施工工艺流程。

（1）打印材料干混生产工艺

目前开发的水泥基 3D 打印材料除拌合水以外，其他的原材料和外加剂都是采用粉体材料。可以利用工业化干粉砂浆设备，将细骨料、水泥和外加剂等原材料按配合比精确称量混匀后，以固定包装形式提供使用，现场加水搅拌即可使用，如图 2-48 所示。

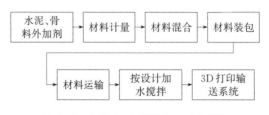

图 2-48　打印材料干混生产工艺流程

采取以干粉砂浆生产的优势：一是品质稳定可靠，可以满足不同的功能和性能需求，提高工程质量；二是材料产品化，有利于长距离运输；三是有利于自动化施工机具的应用，提高建筑 3D 打印的效率，且使用方便。

（2）打印材料预拌生产技术

将水泥、骨料、水和外加剂等组分按照配比，经过计量、拌制后运输至现场使用。具有集中搅拌生产，设备配置成熟，产量大、生产周期短，搅拌均匀，质量稳定，实现大规模的商业化生产和罐装运送，提高生产效率等优势。

将制备好的 A、B 组分，按照一定的比例分别进入建筑 3D 打印机，经过高速搅拌混合后挤出 A＋B 复合水泥基 3D 打印材料。挤出的 A＋B 复合材料具有凝结时间短、强度高、黏性好、稳定性强等特点，满足建筑 3D 打印施工连续性和建筑强度的要求。其中 A 组分具有泵送性能好、工作性保持时间长等特点，能够实现搅拌站预拌生产—运输—施工现场使用的工业化过程。B 组分具有形态稳定、可长时间储存的特点，能够集中生产并存储。A＋B 双组分 3D 打印材料制备的方案能够解决水泥基 3D 打印材料无法工业化生产和推广的问题，对促进 3D 打印技术在建筑中的应用有积极作用（图 2-49）。

（3）混凝土 3D 打印施工工艺流程

① 混凝土 3D 打印施工工艺流程图

混凝土 3D 打印施工一般包括混凝土配合比设计、混凝土制备、布料打印成型和混凝土成品养护四个环节，如图 2-50 所示。

② 混凝土 3D 打印建筑施工流程案例

某二层办公室设计为长方形，建筑项目为地上两层，底层为 2 间办公室和 1 间展厅，上层为 2 间办公室和 1 间会议室，建筑高度 7.2m。总建筑面积 230m^2，建筑占地面积 118m^2。长向跨度 16.7m，宽度 7.5m。

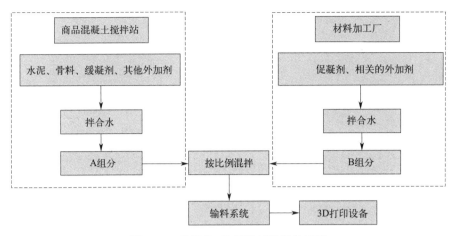

图 2-49 双组分 3D 打印材料制备原理

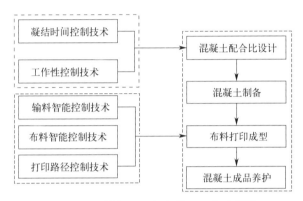

图 2-50 混凝土 3D 打印施工工艺流程图

首层 3D 打印结构施工→预制叠合梁板安装并浇筑→二层 3D 打印结构施工→封顶→建筑装修（图 2-51）。建筑基础部分与传统基础施工工艺相同，在建筑基础施工的时候按图纸位置锚固打印机的柱角连接螺栓和柱脚生根钢筋。首层 3D 打印施工是在墙体 3D 打印过程中同时施工电路管线、水平钢筋和门窗过梁的布置安装；首层打印完成养护 3 天后开始进行构造柱竖向钢筋笼的吊装并灌浆或浇筑混凝土；然后吊装预制梁、板，绑扎钢筋后浇筑混凝土面层；二层 3D 打印顺序与首层基本相同。

7. 模型导入和打印路径设置

通过混凝土 3D 打印机器人控制系统，可以将输入的 3D 模型直接转化成打印的路径。如图 2-52 所示为某建筑竖向构件模型和路径对照图。

8. 打印结构养护

3D 打印混凝土相比传统混凝土在养护方式和养护措施介入时间方面具有很大的优势。首先，3D 打印混凝土挤出后就具有了自立性，所以在初凝前就可以以人工喷雾或自动化喷雾的养护方式开始超早期的养护，这样可以有效地防止由于水分的蒸发散失引起的塑性阶段收缩开裂风险。在硬化后继续以自动化喷雾养护结合局部人工辅助浇水养护至 7d 即可，如图 2-53 所示。项目利用 3D 打印机的升降框架和移动横梁设计布置了自动雾化喷淋系统，在打印过程中喷雾，既可提高打印过程中混凝土层间的粘结力，又避免了混凝土早

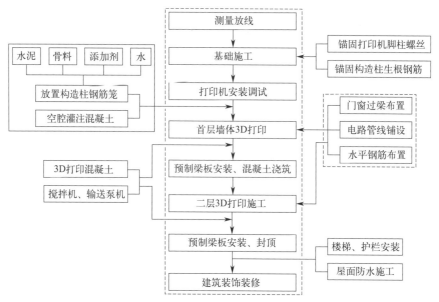

图 2-51 二层原位 3D 打印建筑施工工艺流程

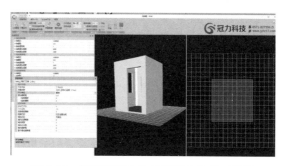

图 2-52 某建筑竖向构件模型和路径对照图

期失水过快引起的开裂，同时该套系统还可以用于后期的无人养护，降低了人工成本，为建筑的质量提供了保证。

图 2-53 3D 打印混凝土养护

2.6.2　应用案例

下面以某建筑部件打印为例，完成建筑部件工厂打印实训任务。

1. 任务书（表2-74）

2. 获取资讯

3D打印技术-
应用案例

了解混凝土3D打印任务、打印材料特性和打印机特点，学习模型的建立、设置打印路径，进行混凝土3D构件的试打印、打印施工、工况处理并填写施工记录。

建筑部件工厂打印实训任务书　　　　　　　　　　表2-74

任务背景	(1)在工厂完成单个建筑部件或构件混凝土3D打印任务。 (2)建筑部件或构件的尺寸可以在项目库中选择，也可以自己建模设计
任务描述	(1)使用给定的3D打印机和干混打印材料，建立建筑部件或构件的三维模型，设置打印路径，完成混凝土3D打印任务。 (2)填写相关施工记录资料
任务要求	学生分组合作，完成任务描述中所述的工作任务
任务目标	(1)能够进行混凝土3D打印部件材料准备、打印机调试工作。 (2)能够导入三维模型及路径设计。 (3)能够完成建筑部件的3D打印任务。 (4)能够进行打印过程的异常工况处理
任务场景(项目库选择或自行设计)	打印建筑构件或部件示意图如下图所示。 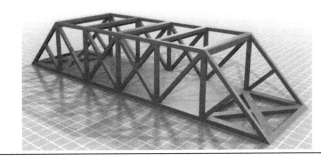

引导问题1：混凝土3D打印建筑特点是什么？

引导问题2：3D打印混凝土对材料的性能有什么要求？混凝土3D打印的设备有哪些

种类？

引导问题 3：混凝土 3D 打印的施工工艺流程是什么？

引导问题 4：3D 混凝土打印找平如何操作？

引导问题 5：3D 打印混凝土如何养护？

3. 工作计划

按照收集的资讯制定建筑部件工厂打印的任务实施方案，完成表 2-75。

建筑部件工厂打印任务实施方案 表 2-75

步骤	工作内容	负责人
1	三维模型导入及路径设计	
2	打印材料准备、打印机调试	
3	混凝土 3D 试打印	
4	建筑部件 3D 打印	
5	建筑部件养护	
6	工完料清、设备维护	

4. 工作实施

（1）根据打印任务，导入三维模型，完成路径设置

（2）打印材料准备、打印机调试，完成试打印准备工作（表 2-76）

试打印准备工作记录表 表 2-76

打印地点		现场工程师	
类别	检查项	检查结果	备注
设备检查	设备外观完好		
	正常开关机		
	电源连接正常		
	正常连接移动端		
	设备校正正常		
	设备在维保期限内		
材料检查	干粉材料品种、配合比		
	材料强度、凝结固化时间		
个人防护	安全帽佩戴		
	工作服穿戴		
	劳保鞋穿戴		
环境检查	场地满足测量条件		
	施工垃圾清理		

（3）建筑部件混凝土 3D 试打印（表 2-77）

混凝土 3D 试打印施工参数记录表 表 2-77

施工单位		现场工程师	
打印地点		试打印日期	
参数类别	单位	打印参数	备注
打印速度	mm/s		
挤出宽度	mm		
每层打印厚度	mm		
记录人员			

（4）建筑部件混凝土 3D 打印（表 2-78）

混凝土 3D 打印工况处理记录表 表 2-78

施工单位		现场工程师	
打印地点		打印日期	
构件名称		构件编号	
序号	情况描述	处理方法及效果	时间
1	找平处理		
2	钢筋放置		
3	环境变化,配合比调整		

记录人员：

（5）3D打印混凝土养护（表2-79）

3D打印混凝土养护记录表　　　　　表 2-79

养护地点		现场工程师	
环境温度		设计等级	
实验编号		委托编号	
构件名称		打印结束日期	
时间	养护措施		

记录人员：　　　　　记录日期：

（6）工完料清、设备维护记录（表2-80）

打印后工完料清、设备维护记录表　　　　　表 2-80

日期		现场工程师	
序号	检查项		检查结果
设备维护	关闭设备电源		
	清理使用过程中造成的污垢、灰尘		
	设备外观完好		
	拆解设备，收纳保存		
施工环境	施工垃圾清理		

学习启示

有"冰丝带"之称的国家速滑馆，是一个全生命周期的智慧化场馆，引入了全新的BIM 运维系统、一体化定位导航系统、数字孪生系统等，就像是给场馆配备了精于计算的"大脑"。"冰丝带"的设计理念来自一个冰和速度结合的创意，22 条丝带就像运动员滑过的痕迹，象征速度和激情。国家速滑馆拥有亚洲最大的全冰面设计，冰面面积达 1.2万 m^2。建筑结构体系的效率较十几年前有很大提升，比如"鸟巢"主结构的用钢量达4.2 万 t，而"冰丝带"索网屋面的总重量仅 968t，用钢量仅为传统钢屋面的约四分之一。造楼机器人、三维激光扫描技术、北斗卫星系统高精度定位技术等高科技正越来越频繁地应用于工程实践中，工程建设者们正在用智慧建造更好地服务城市建设。正如二十大报告提出：培育创新文化，弘扬科学家精神，涵养优良学风，营造创新氛围。培养造就大批德才兼备的高素质人才，是国家和民族长远发展大计。功以才成，业由才广。

小结

智能建造施工应用案例包括智能实测实量应用案例、无人机测量应用案例、3D 激光扫描技术应用案例、施工机器人应用案例、智能砌筑应用案例和 3D 打印技术应用案例。要求学习者能够进行智能实测实量的数据分析和异常工况处置，能够进行比例尺精度、航高、航线间隔宽度计算及像控点布设，能够利用典型的软件进行三维激光扫描点云数据的处理与数据应用，能够操作使用喷涂机器人及对机器人进行保养，能够正确使用砌筑施工机器人及对异常工况进行处置以及能够按照设计要求完成建筑构件打印及处理打印过程中的常见工况。

习题

1. 简述实测实量的基本概念。
2. 混凝土强度智能测量流程是什么？
3. 简述无人机摄影测量的基本概念。
4. 简述像控点布设的基本概念及布设原则。
5. 简述 3D 激光扫描技术的基本概念。
6. 地面三维激光扫描点云数据获取的工作流程是什么？
7. 建筑施工机器人是如何分类的？
8. 喷涂机器人进行墙面喷涂作业的流程是什么？
9. 简述混凝土 3D 打印建筑的基本概念。
10. 混凝土 3D 打印施工的工艺流程是什么？

任务 3　智能建造管理

学习目标

知识目标

1. 理解劳务实名制管理系统、高速人脸识别智能闸机系统、智能安全帽佩戴识别系统、智能安全帽定位系统等内容。

2. 掌握视频监控系统、智能地磅系统、车辆出入监控系统、周界入侵防护系统、烟雾报警系统等内容。

能力目标

1. 能够正确实施物料管理和进度管理。

2. 能够正确操作塔式起重机安全监控系统、塔式起重机吊钩可视化系统、升降机安全监控系统、卸料平台监控系统、基坑监测系统以及高支模安全监测系统。

3. 能够正确实施质量安全监测和环境监测。

素质目标

1. 具备创新意识，具有利用智能建造装备不断探索和应用新技术、新方法的潜力。

2. 具备社会责任感和可持续发展意识，将智能建造施工技术应用于绿色和可持续建筑项目。

3.1　劳务管理

建筑业是劳动密集型产业，工地现场施工人员众多，施工现场管理困难，工地周围环境复杂，外来人员可能会进入施工现场，造成安全隐患，引发各种事故甚至人员伤亡，通过智慧工地的劳务管理功能，可以有效防范和解决上述问题。

劳务管理

智慧工地劳务管理系统包括劳务实名制管理系统、高速人脸识别智能闸机系统、智能安全帽佩戴识别系统、智能安全帽定位系统等。

1. 劳务实名制管理系统

劳务实名制管理系统如图 3-1 所示，主要功能包括进场人员身份识别、劳务人员工时考勤、在场工种人数统计、安全教育、综合交底、工资结算等全过程管控，通过系统实时掌握劳务用工情况及动态实际成本，全面防范施工项目用工风险。

2. 高速人脸识别智能闸机系统

高速人脸识别智能闸机系统如图 3-2 所示，该系统采用先进的计算机视觉和人工智能技术，通过采集人脸信息建立数据库，在出入口、门禁等实现无须特定角度和停留的人脸识别、抓拍和跟踪。可实现多人同时检测，能够高效快速地对过往人员进行识别、验证、告警和存储，支持海量人脸数据库的秒级快速匹配。

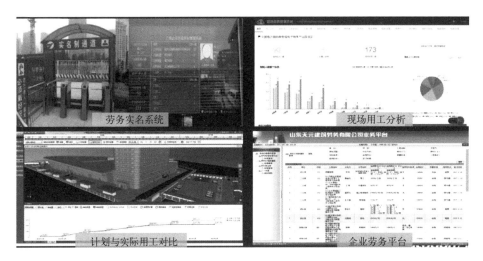

图 3-1 劳务实名制管理系统

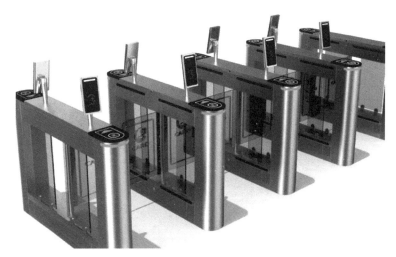

图 3-2 高速人脸识别智能闸机系统

3. 智能安全帽佩戴识别系统

智能安全帽由传统安全帽＋智能电子模块＋芯片组成，配备微型处理器或者微型控制器，可实现数据采集、存储计算与无线通信等功能，用于施工人员身份识别及作业的信息收集，以进行施工管理。智能安全帽佩戴识别系统基于智能图像识别技术，通过实时检测劳务工人是否佩戴安全帽并智能提醒，可有效避免劳务工人因不佩戴安全帽而引发的安全事故（图 3-3）。

4. 智能安全帽定位系统

智能安全帽定位系统是由安全帽型 GPS/北斗定位终端、GPRS 无线传输系统和工地智能定位服务器三部分构成，将高灵敏度 GPS/北斗模块及 GPRS 模块内置于安全帽中，通过运营商 GPRS 信道传输 GPS/北斗数据至工地智能定位服务器。该 GPS/北斗模块适合各种安全帽和头盔，不需要更换原有安全帽和头盔即可实现定位功能。基于移动通信网络的 GPS 人员管理系统，采用先进的卫星全球定位系统，结合 GIS 地理信息系统和

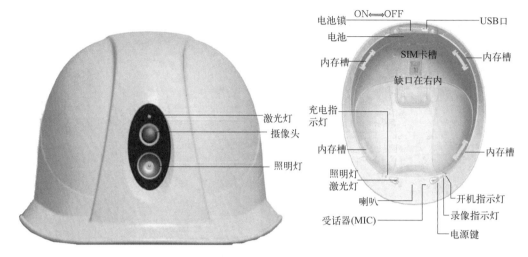

图 3-3　智能安全帽佩戴识别系统

GPRS 移动通信网络，实现对劳务工人的 GPS 实时定位，提高人员管理的效率和处理突发事件的能力（图 3-4～图 3-7）。

图 3-4　实时 GPS/北斗定位

图 3-5　人员分类统计

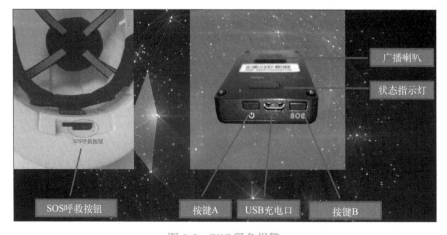

图 3-6　SOS 紧急报警

智能安全帽定位系统具有以下主要功能特点：

（1）人员实时定位：可实时显示人员当前所在的位置，并及时了解工地的人员配备情况，同时统计地图内的工人人数，便于查岗或寻找。

（2）人员或移动设备轨迹回放：系统可通过动画回放显示人员历史行进路线，便于及时查看人员特别是管理人员的活动轨迹。

（3）区域设置：可在地图上设置工作区域，如人员跨入该工作区域，系统获取定位，可视为出勤，用作考勤管理。

（4）SOS 紧急报警：在意外情况发生时可在安全帽上一键启动 SOS 求救系统，相关人员能够在第一时间及时发现、及时处理。

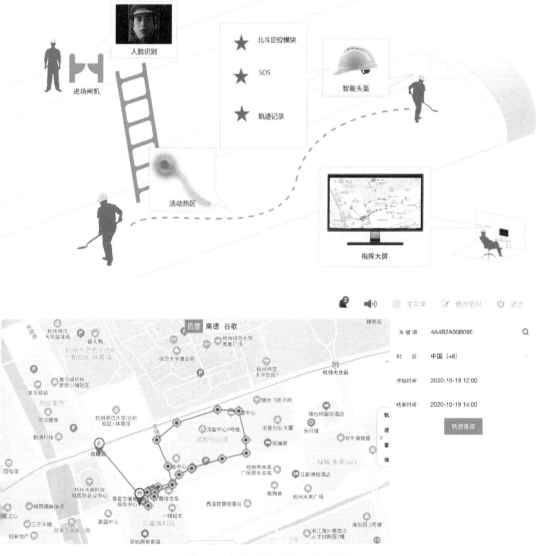

图 3-7　人员或移动设备轨迹回放

3.2　物料与进度管理

智慧工地现场管理涉及工序安排、物料管理、空间布置、进度管理、成本管理等多方面内容，通过 BIM 等技术加强了工程项目全生命周期内各个层级管理活动的可视化、实时化、高效化与精确化。

1. 物料管理

在实际施工过程中，材料支出成本是施工项目成本控制中最重要的环节。通过物料智能化管理可以实现物资进出场全方位精细管理，通过信息化手段实现公司对项目在"计划-采购-生产"环节的实时管控。例如运用物联网技术，通过地磅周边硬件智能监控作弊行为，自动采集精确数据，在施工过程中采取限额领料办法，对每个施工队的材料使用情况进行数据监控，并且鼓励探索新工艺和新方法，减少材料浪费。运用移动互联技术，随时随地掌控现场并识别风险，实现零距离集约管控和可视化政策，利用 BIM 技术对于材料的到场时间、安置与堆放进行合理的安排，既方便施工，又便于运输与储存，减少材料在施工前及使用过程中的损耗，减少不必要的损失。

2. 进度管理

进度管理是项目管理中非常重要的管理环节，由于施工过程是一个动态的过程，必须借助 BIM 技术，将 3D BIM 模型与时间进度进行对接，实现 4D 施工进度模拟，随着时间的推移，模拟施工进度，实施进度管理，如图 3-8 和图 3-9 所示。4D 施工模拟有利于制定施工进度计划和配置施工资源，对建设项目的施工进度进行有效控制，同时项目参与方也能从 4D 模型中快速了解建设项目主要施工过程的控制方法和资源安排是否均衡以及进度计划是否合理。

图 3-8　智慧工地管理平台

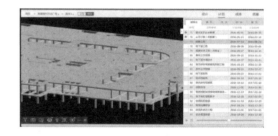

图 3-9　全场监控系统

3.3　设备安全监测

智慧工地设备安全监测可以通过视频监控实现工地现场的可视化管理，同时可以对现场塔式起重机、升降机、卸料平台、火灾隐患、深基坑、高支模、临边洞口、车辆出入等进行全方位覆盖管控，保障作业安全及施工规范。智慧工地设备安全监控系统主要有视频监控系统、塔式起重机安全监控系统、塔式起重机吊钩可视化系统、升降机

安全监控系统、卸料平台监控系统、车辆出入监控系统、周界入侵防护系统、烟雾报警系统等。

1. 视频监控系统

视频监控系统（图 3-10）基于计算机网络和通信、视频压缩等技术，将远程监控获取的各种数据信息进行处理和分析，实现远程视频自动识别和监控报警。同时，可通过APP 端实现移动监督，从而极大提高建设工程安全生产的监督水平和工作效率，有效避免对工地安全状况掌控的随机性和不确定性，保障监督效果并及时消除安全隐患，实现安全生产。视频监控系统具有以下功能特点：对监控区域实时进行远程监控；可适用所有支持 RTSP 协议的主流摄像机；支持视频存储和回放；系统可与其他集成系统通过网络无缝对接，实现信息资源共享。

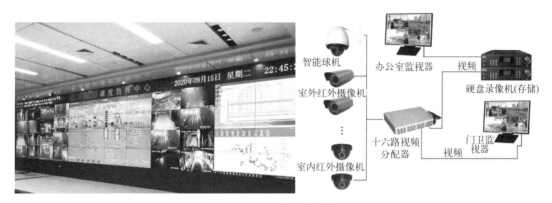

图 3-10　视频监控系统

2. 塔式起重机安全监控系统

塔式起重机安全监控系统（图 3-11）使操作员能随时查看塔式起重机的当前工作状态，实时监控塔式起重机工作吊重、变幅、起重力矩、吊钩位置、工作转角和作业风速，以及对塔式起重机自身限位、禁行区域和干涉碰撞进行全面监控，对单机运行和群塔干涉作业时进行防碰撞实时安全监控与声光预警报警，减少安全生产事故发生，最大限度杜绝人员伤亡，为操作员及时采取正确的处理措施提供了依据。

3. 塔式起重机吊钩可视化系统

塔式起重机吊钩可视化系统（图 3-12）是基于塔式起重机作业行业需求，根据实际工况而产生的一款全新智能化视频作业引导系统，该引导系统能实时通过高清图像向塔式起重机司机展现吊钩周围情况，使司机能够快速准确做出正确的操作和判断，解决了施工现场司机存在视觉死角、远距离视觉模糊、语音引导易出差错等行业难题。能够有效避免事故的发生，是新形势下提高工地现场施工效率、减少安全事故、减少人力成本、推广数字化标准工地等不可缺少的行业利器。

4. 升降机安全监控系统

升降机安全监控系统（图 3-13）是基于传感器技术、嵌入式技术、数据采集技术、数据融合处理与远程数据通信技术，实现对建筑升降机运行实时动态的远程监控、远程报警和远程告知等。通过技术手段保障对升降机使用过程和行为的及时监管、切实预警，控制设备运行过程中的危险因素和安全隐患，有效地防范或减少升降机安全生产事故的发

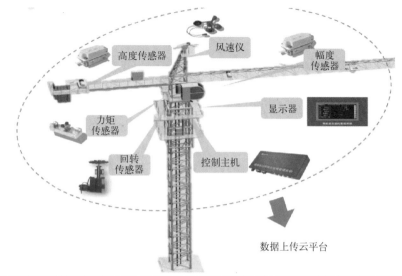

图 3-11 塔式起重机安全监控系统

图 3-12 塔式起重机吊钩可视化系统

生。其重点就是针对施工升降机非法人员操控、维保不及时和安全装置易失效等安全隐患进行防控。实时将施工升降机运行数据传输至控制终端和智慧工地云平台，实现事前安全可看可防，事后留痕可溯可查，事前安全可看可防。功能特点如下：

（1）数据采集：通过精密传感器采集载荷、高度、上下限位状态、开关门状态、天窗状态等多项安全作业工况实时数据。

（2）状态显示：通过显示屏以图形数值方式实时显示当前实际工作参数和升降机额定工作能力参数。

（3）可视化监控：升降机运行数据和报警信息通过无线网络实时传送回监控平台，基于 GIS 技术实现升降机安全运行可视化远程监控。

（4）身份识别：支持 IC 卡、虹膜、人脸、指纹等识别方式，对升降机司机进行身份识别，认证成功后方可操作升降机。

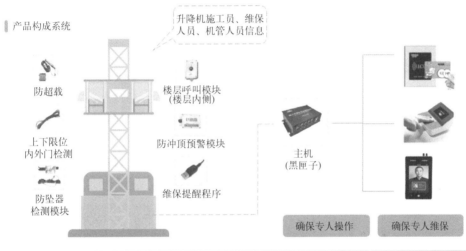

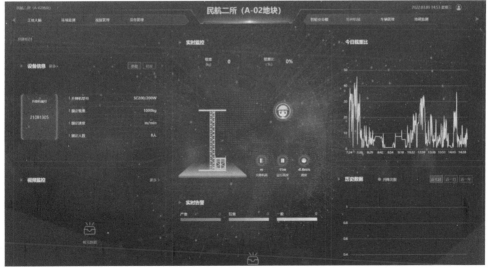

图 3-13　升降机安全监控系统

5. 卸料平台监控系统

卸料平台监控系统（图 3-14）基于物联网、嵌入式、数据采集、数据融合处理与远程数据通信等技术，实时监测载重数据并上传云平台。即在原卸料平台基础上创新设计，在平台内设置重量传感器，将传感器与显示器及声光报警装置连接，当作业人员在装料过程中超过额定重量时，报警装置会自动发出声光报警，及时提示现场作业人员立即纠正，如持续报警，系统将自动记录违章信息，实时监控卸料平台工作数据通过 GPRS 传输至云平台和手机 APP，杜绝卸料平台超重堆码材料的违章行为。其功能特点有：现场重量校准；超载声光报警；载重数据传输；APP 移动端可显示在线状态及实时载重数据，并统计最近 7 天报警数据；重量传感器实时监控，避免可能发生的倾覆和坠落等事故。

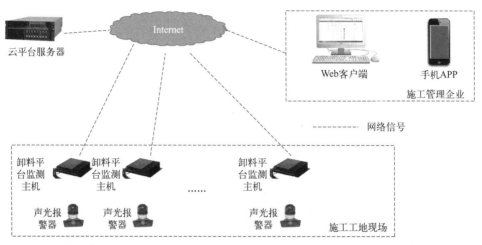

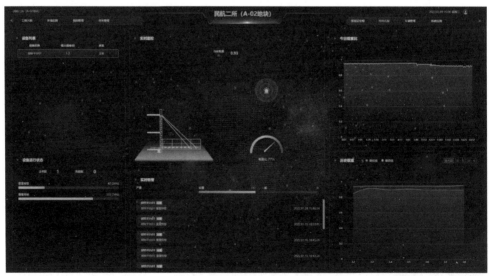

图 3-14 卸料平台监控系统

6. 基坑监测系统

基坑监测系统（图 3-15）应用于基坑施工运营过程中，对支撑系统的受力均衡、深层位移、沉降、水位、轴力、应力等参数进行实时监测。系统采用无线自动组网和高频连续采样，实时进行数据分析并发送监测数据。在施工监测过程中，及时响应危险情况，提醒作业人员在紧急时刻撤离危险区域，并自动触发多种报警通知，及时将现场情况告知监管人员，有效降低施工安全风险。

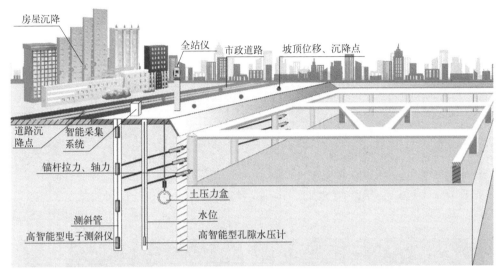

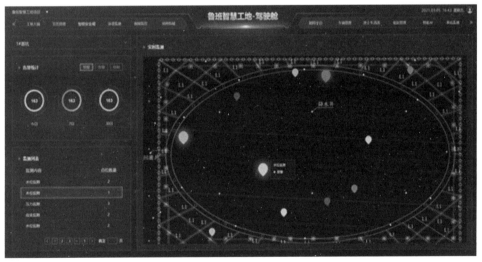

图 3-15　基坑监测系统示意图

7. 高支模安全监测系统

高支模安全监测系统（图 3-16）的主要功能是对高大模板支撑系统的模板沉降、支架变形和立杆轴力进行实时监测、超限预警、危险报警及趋势预测。除了能感知高支模外围情况，传感器的使用方便监测支模体系的变化，提高监控水平。高支模实时监测警报系统，创新使用声光报警，当监测值超过预警值时，施工人员在作业时能从机器上读取预警信号；监测单位通过及时通知现场项目负责人和监理人员，排除影响安全的不利因素；安装在现场的警报器会发出警报声，提醒现场作业人员停止施工，迅速撤离，并通知现场项目负责人、项目总监和安全监督员。

图 3-16　高支模安全监测系统

8. 智能地磅系统

智能地磅系统（图 3-17）由无人值守汽车识别系统和主材物流管理系统构成，包括远距离车号自动识别系统、自动语音指挥系统、称重图像即时抓拍系统、红绿灯控制系统、红外防作弊系统、道闸控制系统、远程监管系统等子系统。在称重过程中实现计量数据自动采集、自动判别、自动指挥、自动处理及自动控制，最大限度地降低人工操作所带来的弊端和工作强度，提高了系统的信息化和自动化程度。对于管理部门，可以通过系统中的汇总报表了解当前的生产及物流状况；对于仓管部门，可以了解到自己的收发货物情况等。这些报表数据随时可以查阅，因此加强了管理的一致性，缩短了决策者对生产的响应时间，提高了管理效率，降低了运行成本，促进了企业信息化管理。

9. 车辆出入监控系统

车辆出入监控系统是在工地大门安装车辆识别摄像头，系统对车辆进行抓拍和统计，便于问题追溯。车辆出入监控系统的功能特点：一是图像留存，车辆进出时摄像头会进行抓拍，便于事后问题追溯和排查；二是车辆进出统计，用于评估施工强度；三是进出语音提醒，提升工地人文关怀。

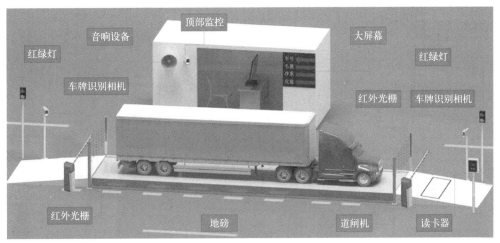

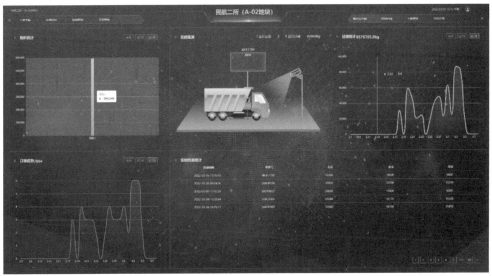

图 3-17　智能地磅系统

10.周界入侵防护系统

周界入侵防护系统（图 3-18）基于智能图像识别技术，通过对监控视频设定警戒区域，实时分析周界入侵及越线检测，可有效识别入侵物质性质，报警更智能更精准。例如当有人员进入监测范围区域可对其自动监测识别，即对其抓拍并将当时图像传输到管理中心，在管理中心输出报警信号。其功能特点有：

（1）可基于监控摄像头监控画面，直接划定监测区域，实时进行智能监测和分析。

（2）可分时间段、类型、对象属性、视频源等设置告警阈值，进行更有效更智能的报警，有效避免误报。

（3）可智能存储告警视频信息，并支持历史查询，方便调查取证。

（4）可连接平台，远程实时监管监控区域，及时响应告警情况，有效制止入侵人员和处理越线物质。

图 3-18　周界入侵防护系统

11. 烟雾报警系统

烟雾报警系统（图 3-19）实时监控各烟感探头的在线及报警状态，并通过电话、消息等方式进行提醒。其功能特点有：在线及异常状态监测、短信及应用消息提醒、责任人紧急电话告知。

该系统利用计算机视觉、人工智能以及闭路电视监控技术，通过视频图像来监测烟火。系统自动分析、识别、定位视频图像内的火焰、烟雾，产生告警信息，在数秒内完成火灾探测及报警，大大缩短火灾告警时间。本系统具有非接触式探测的特点，不受空间高度、热障、易爆、有毒等环境条件的限制，使得系统为室内大空间、室外以及传统探测手段失效时的特殊场所火灾探测提供一种有效的解决途径。

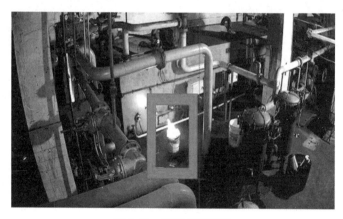

图 3-19　烟雾报警系统

3.4　质量安全监测

质量安全监测包括隐患随手拍、安全检查、巡更管理、节点验收和质量安全移动巡检系统等。

1. 隐患随手拍

项目人员在巡查过程中发现问题，可通过 APP 端以图文或视频方式随时进行问题的记录，并放到项目公共的问题池中，借以曝光台的方式来对工地的不安全、不文明的行为形成威慑。

2. 安全检查

通过移动 APP 端的协同，可实现问题随时记录并发起整改分析问题及处理情况。移动 APP 端巡检日志具有问题拍照取证、自定义审批流程、可按状态/类型处理统计等特点。

3. 巡更管理

项目人员可通过平台拟定巡更路线及巡更人员，巡更人员在巡更过程中通过手机扫描巡更点二维码可记录巡更状态，当发现问题后可在 APP 端上传问题描述，管理人员可通过平台查看巡更状态统计及所反馈的问题，随时了解现场质量安全情况，保障巡更的有效执行。

4. 节点验收

针对工地的隐蔽工程、土方开挖等关键环节，通过手机 APP 图文或视频方式进行记录并存档，便于日后进行排查。

5. 质量安全移动巡检系统

由检查平台和移动执法设备两部分组成。其中检查平台具有监督档案、安全检查、标准化考评、安全文明施工评价、安全验收等功能；移动执法设备是指采用安卓平板电脑，内置全新开发的适合触控操作的移动执法软件。该系统具有随时随地使用移动设备访问内网业务系统；实时拍摄工地现场安全隐患上传远程监控平台；使用移动设备连接打印机，打印资料进行移动办公；第一时间写个人日志，方便快捷高效；随时随地查询企业和工程信息，审核企业和工程信息的功能。

3.5　环境监测

环境监测管理系统是基于物联网技术，实现对施工现场环境及能耗工况的实时监测，并可将监测数据传输至智慧工地云平台，与环境治理系统联动，实现更智能的监测与治理，改善作业环境，实现节能减排。智慧工地环境监测管理系统主要包括扬尘噪声监测系统、喷淋控制系统等。

环境监测

扬尘噪声监测系统（图 3-20）是基于物联网及人工智能技术，将各种环境监测传感器（$PM_{2.5}$、PM_{10}、噪声、风速、风向、空气温湿度等）的数据进行实时采集传输，依据客户需求将数据实时展示在现场 LED 屏、平台 PC 端及移动端，便于管理者远程实时监管现场环境数据并能及时做出决策。同时通过集成平台，还可根据环境数据显示情况联动现场雾炮或喷淋控制系统进行降尘喷淋操作（图 3-21）。提高了施工现场环境管理的及时性，并实现了对环境的准确监测，防治环境污染。

✎ 学习启示

智能建造管理是工程建设领域的新模式，这种模式实现了工程要素资源的数字化，通过规范化建模、网络化交互、可视化认知、高性能计算以及智能化决策支持，实现了数字

图 3-20 扬尘噪声监测系统

图 3-21 喷淋控制系统

链驱动下的立项策划、规划设计、生产、施工、管理等环节的高效协同。智能建造管理的发展前景十分广阔,到 2025 年,我国智能建造与建筑工业化协同发展的政策体系和产业体系基本建立,建筑工业化、数字化和智能化水平显著提高。到 2035 年,我国智能建造与建筑工业化协同发展取得显著进展,企业创新能力大幅提升,产业整体优势明显增强,"中国建造"核心竞争力世界领先,迈入智能建造世界强国行列。因此,我们要积极推进工程建设行业的数字化转型,大力发展和应用新一代信息技术,以提高工程建设的效率和质量,降低能源资源消耗及污染排放,实现建筑业的可持续发展。

 小结

　　智能建造管理包括施工策划、进度管理、人员管理、施工机械管理、物料管理、成本管理、质量管理、安全管理、绿色施工管理、项目协同管理、行业监管等;智慧工地功能模块包括高速人脸识别智能闸机系统、智能安全帽佩戴识别系统、智能安全帽定位系统、周界入侵防护系统、塔式起重机安全监控系统、塔式起重机吊钩可视化系统、卸料平台安全监控系统、扬尘噪声监测系统、喷淋控制系统等。智慧工地建设已列入"十四五"建筑业发展规划，相关标准及政策已陆续发布，智慧工地的发展应用前景广阔。

 习题

1. 智慧工地劳务管理系统包括哪些内容?
2. 简述智能安全帽定位系统的主要功能特点。
3. 智慧工地设备安全监测包括哪些内容?
4. 简述智慧工地质量安全监测包括的内容。
5. 简述智慧工地环境监测包括的内容。

任务 4　智能建造管理应用案例

知识目标

1. 掌握智能监测的方法和标准。

2. 掌握边坡自动化监测及设备安装方法。

3. 掌握无损检测的方法和标准。

4. 掌握建筑和高支模监测要点、监测方法和监测技术。

能力目标

1. 能够进行智能监测数据分析和智能监测异常工况处置。

2. 能够进行边坡自动化监测技术的应用、监测数据处理以及异常工况处置。

3. 能够使用无损检测技术对混凝土结构和灌浆连接套筒进行无损检测、数据分析以及异常工况处置。

4. 能够根据建筑和高支模相关信息判断监测项目，并能根据监测项目正确使用监测仪器。

素质目标

1. 具备创新意识、安全意识和规范意识，具备良好的人际交往能力、团队合作精神、客户服务意识和职业道德。

2. 具备社会责任感和可持续发展意识，具有健康的体魄、良好的心理素质和艺术素养。

4.1　智慧工地管理应用案例

智慧工地
管理-基础知识

4.1.1　基础知识

1. 概述

（1）智慧工地概念

智慧工地是指充分利用工程物联网技术和互联网技术，结合 BIM、人工智能、机器人与自动化技术等信息化技术，将施工现场各工程要素互相连接、采集数据，通过云计算、大数据、人工智能等技术进行数据挖掘分析，提供施工预测及施工方案，实现工程施工可视化智能管理，最终实现数字化、网络化和智能化的工地建造管理模式。其关键技术如表4-1所示。

（2）施工管理概念

施工管理是指利用各种管理手段对施工作业进行全面的规划、组织、协调、管理和控制，以达到高效、高质和安全的目的。其原理如表4-2所示。

智慧工地关键技术一览表 表 4-1

序号	名称	关键技术描述
1	感知技术	(1)感知技术是工程数据获取的基础,主要涉及传感器技术、机器视觉技术以及非接触式检测技术。 (2)传感器技术是利用不同的传感器对工程要素进行感知,把收集到的数据转变为数字信号,传输到后台由算法进行处理。 (3)机器视觉技术是利用计算机通过模拟人的视觉功能收集图像信息,进行处理并加以分析,最终用于实际检测、测量和控制。 (4)非接触式检测技术是利用不同频率的电磁波对工程结构内部质量问题进行探测,相比于表观测量,该技术能够更早地发现质量隐患
2	传输技术	(1)传输技术是工程数据实时共享的重要保障,目前比较常用的是有线传输、无线传输以及下一代通信技术。 (2)有线传输技术主要包括现场总线和光纤传输两种方式。其中,现场总线具有简单、可靠和经济实用的特点,主要在相对固定的工程场景使用,如能源站、大坝等。光纤传输具有传输距离长、灵敏度高和保密性好的优势,在地铁等线性工程建造中应用更为广泛。 (3)无线传输技术由大量的无线通信节点及系统组成,具有自组织能力强和大规模高冗余部署的优势,适合条件恶劣的极端工况。 (4)5G 作为新一代移动通信技术,有数据传输快、延迟少、能耗低、费用低、系统容量大和大规模设备连接快捷等优点
3	决策技术	(1)决策技术是工程数据处理的手段,主要涉及云计算、边缘计算、人工智能等技术。 (2)云计算是利用互联网云端计算资源进行海量数据处理的一种方式,这种方式具有高可靠性和按需服务的特点,可避免在施工现场部署服务器网络,降低工程物联网的实施成本。 (3)边缘计算是指在靠近物或数据源头的一侧进行数据处理。和云计算相比,边缘计算更为高效,更有利于工程风险信息的及时预警。 (4)人工智能是研发用于模拟、延伸和扩展人的智能的理论、方法、技术及应用系统的一门新的技术

施工管理原理一览表 表 4-2

序号	名称	特点
1	组织协调原理	(1)施工管理的核心思想是通过合理的组织协调,提高工程施工效率。 (2)施工管理应该充分考虑人、工程、机械和材料等方面的协调与配合,以达到规定合理、施工安全和工程质量标准
2	计划管理原理	(1)在施工管理中,计划是对工作任务、成果、工期、施工效率等的具体掌握和安排。 (2)对工作任务、工期和成果等的合理安排和分配,对准确掌握工作进度和施工效率有重要作用
3	控制原理	(1)施工管理应该强调监控和控制功能。 (2)通过合理地安排施工计划,监控进度、质量、安全和成本等方面的指标,对施工进程进行随时的掌握和调整
4	进度管理原理	管理者应该清楚地了解每个工序的工作量和完成时间,对整个工程的工期提出合理建议,倡导提高工作效率,提高工程建设的质量和绩效
5	质量管理原理	(1)质量管理是施工管理的核心。 (2)应该统一质量标准和要求,明确责任和权利,全面推行质量管理活动
6	安全管理原理	(1)安全管理是保障施工运行安全的核心。 (2)应该落实安全意识,加强现场安全培训,提高工程项目人员的安全防范意识和能力

序号	名称	特点
7	成本控制原理	在施工管理中,成本控制非常重要。必须要按照施工计划控制成本,建立实施成本控制体系,确保施工过程中的成本控制

（3）智慧工地施工管理

智慧工地施工管理一是提高生产效率,二是降低劳动强度,三是减少甚至规避质量安全隐患。其本质就是无论是 AI 摄像头、门禁系统等对人员的监测,还是各类传感器对基坑、高支模、塔式起重机、车辆、物料等的监测,抑或是环境采集设备对空气、污水、室温等的监测等等,都是通过在施工现场安装各种传感装置来构建智能监控防范体系,以弥补传统方法和技术在管理中的缺陷,从而实现对"人、机、料、法、环"（图 1-2）的全方位实时监测。整个过程通过"数据采集—信息记录—数据分析—快速反应"的方式将工程监测的被动"监督"转换为主动"监控",这是施工企业向高效生产和信息化管理方向进行转型的必经之路。因此,需要构建智慧工地公共平台来实现施工信息的集成化监测与管理,实现"一平台、一张图、一张网"式的施工监管模式。

2. 智慧工地云平台

针对项目施工涉及的"人、机、料、法、环"建立工地人员、材料物资、机械设备、施工场地、项目管理等模块,通过物联网、大数据等技术对现场相关信息进行采集、判断、处置和分析,实现项目现场全面和实时的智能化管理,提高施工现场管理水平,如图4-1 所示,其相关内容详见任务 3。

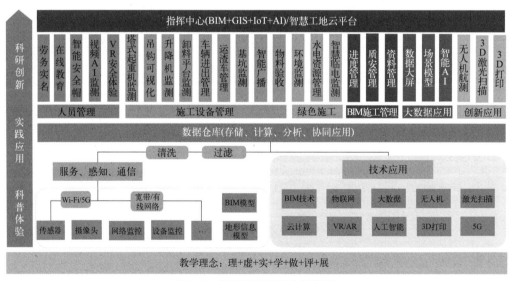

图 4-1　智慧工地云平台架构图

智慧工地云平台（指挥中心）通过深度利用 BIM、传感器、物联网、云计算、大数据等新一代信息技术,将项目整合在同一平台,相关应用数据和智能设备采集信息平台共享,数据集中展现、分析和预警,指标数据集中呈现,让使用者直观再现项目管理者对项目现场情况的及时了解和有效监管。了解建筑施工现场参建各方现代化现场管理的交互方式、工作方式和管理模式,实现了工程管理的可视化和智能化（图 4-2）。

图 4-2　智慧工地云平台示意图

智慧工地
管理-应用案例

4.1.2 应用案例

下面以某工程基坑施工管理智能监测为例，完成智慧工地智能监测流程实训任务。

1. 任务书（表4-3）

智慧工地智能监测流程实训任务书

表 4-3

任务背景	本实训案例为某工程基坑施工管理智能监测
任务描述	使用智慧工地云平台，完成智能监测流程，正确处理监测过程中遇到的工况
任务要求	完成任务描述中所述的工作任务
任务目标	1. 掌握智慧工地云平台智能监测的流程和步骤。 2. 了解智慧工地云平台监测体系框架。 3. 正确处理工作任务中所遇到的各种工况
任务场景	智慧工地基坑智能监测示意如下图所示。

2. 获取资讯

了解任务要求，收集智能监测工作过程资料，了解智慧工地云平台使用原理，学习操作智慧工地云平台进行智能监测。

引导问题1：智慧工地的关键技术是什么？

引导问题2：智慧工地施工管理涉及哪些原理？

引导问题 3：智慧工地施工管理能够实现哪些方面的全方位实时监测？

引导问题 4：智慧工地云平台利用什么技术实现有效监管？

引导问题 5：完成基坑工程的智能监测需要什么智能监测工具？

3. 工作计划
按照收集的资讯制定基坑工程智能监测流程任务实施方案，完成表 4-4。

智能监测流程任务实施方案　　　　　　　　　　　表 4-4

步骤	工作内容	负责人

4. 工作实施
（1）根据图纸，选择监测场景

（2）监测流程实施前的准备工作（表 4-5）

智能监测实施前准备工作记录表　　　　　　　　　表 4-5

类别	检查项	检查结果
数字设备	设备外观完好	
	正常开关机	
	设备电量满足使用时间	
	正常连接移动端	
	设备校正正常	
	设备在维保期限内	
数据采集	监测的参数和指标	
	数据采集地点和监测区域范围	
	数据采集方案和程序	
数据分析	注册账号及开通权限	
	调试数据接口	

（3）监测流程运行检查记录（表4-6）

基坑工程智能监测流程运行检查记录表 表 4-6

类别	检查项	检查结果
数字设备	数字回弹仪	
	数字靠尺	
	数字地磅	
	数字安全帽	
	数字标准养护室	
	住宅分户验收智能工具	
	RFID	
	读写器	
	北斗定位	
	二维码	
数据采集	人员信息	
	材料信息	
	生产管理信息	
	安全管理信息	
	机械信息	
	场地信息	
	技术管理信息	
数据分析	可视化	
	数据库	
	信息化管理	

（4）工完料清、设备维护记录（表4-7）

智能监测工完料清、设备维护记录表 表 4-7

类别	检查项	检查结果
设备维护	关闭设备电源	
	清理使用过程中造成的污垢、灰尘	
	设备外观完好	
	拆解设备，收纳保存	
软件维护	历史数据的备份和恢复	
	数据库维护	
	软件故障的排查与修复	

4.2　边坡自动化监测应用案例

边坡自动化
监测-基础知识

4.2.1　基础知识

边坡自动化监测包括边坡竖向位移、边坡水平位移、边坡地下水位、边坡挡墙倾斜以及边坡土压力等的自动化监测。

1. 边坡竖向位移

（1）监测说明：边坡竖向位移自动化监测主要揭示观测区域在垂直方向上的位移量及其所带来的严重性情况。其测量工具为静力水准仪。

知识链接

静力水准仪是一种高精密测量仪器，用于测量基础和建筑物各个测点的相对沉降。静力水准仪的测量原理基于"连通管"效应，该仪器主要由主体容器、连通管、电容传感器等部分组成，在使用过程中，监测点的密闭容器与路基紧密锚住，并通过连通管与基准点的容器相连接。基准点的容器灌入适量的液体，使得监测点初始液面处于同一水平面。当监测点发生竖向位移时，液面会发生变化，这种变化通过连通管传递到基准点，并通过电容传感器等测量设备检测这个变化量，从而监测结构的竖向变形（图4-3）。适用于大型建筑物，如水电站厂房、大坝、高层建筑、核电站以及水利枢纽工程，同时也适用于铁路、地铁、高铁等各类交通设施中各测点的不均匀沉降测量。

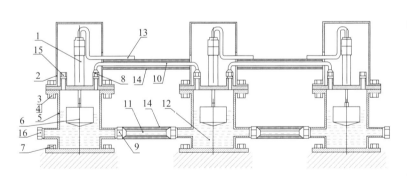

1—液位传感器；2—保护罩；3—螺母；4—螺栓；5—液缸；6—浮筒；
7—地脚螺栓；8—气管接头；9—液管接头；10—气管；11—液管；
12—防冻液；13—导线；14—PVC钢丝软管；15—气管堵头；16—液管堵头

图4-3　静力水准仪示意图

（2）设备安装

设备安装要求如表4-8所示。

设备安装要求 表 4-8

序号	安装名称	安装要求
1	侧装式	(1)安装前须先确定标高,各测点及基准点安装高度低于储液罐的高度,须控制在测量量程范围内。 (2)各基准点和监测点静力水准仪通过安装支架及膨胀螺栓牢固固定于侧面,若监测点间距较远,气管和液管应使用线槽或 PVC 管导向支撑并固定墙上,建议单条总线长≤200m(图 4-4)
2	平装式	(1)安装前须先确定标高,各测点及基准点安装高度低于储液罐的高度,须控制在测量量程范围内。 (2)对于高速公路、硬化路面等坚实地基,可直接通过安装支架与膨胀螺栓固定于平面,对于野外等未做硬化地基,需建造相对坚实的测量基台,高度根据各测点的设计标高而定(图 4-5)

图 4-4 侧装式示意图

图 4-5 平装式示意图

 知识链接

　　静力水准仪探头内装配有一个硅压传感器及信号变送器,膜片所受压力与其至储液罐液面的高度相关,当硅压传感器膜片和储液罐液面之间的高差产生变化时,作用在硅压感应膜上的水压力也同步产生了变化,水压力的变化改变了感应膜的压力,致使硅压传感器应变电阻值改变,通过数据采集设备可测得应变电阻的变化量,经计算可得沉降变化量。

　　2. 边坡水平位移

　　(1)监测说明:边坡水平位移自动化监测主要反映观测区域的水平位移并总结其规律性。其测量工具是 GNSS(Global Navigation Satellite System 的缩写,即全球导航卫星系统)。

知识链接

　　GNSS 可以用于监测水平位移，例如在土木工程、地质灾害监测、建筑物监测等领域，尤其适合于地形条件复杂和起伏大的边坡监测，在矿区地表沉降观测、采场或排土场边坡滑坡监测、大坝位移监测、地质滑坡监测、大桥结构健康检测等领域广泛应用并取得显著的效益（图 4-6 和图 4-7），随着 GNSS 接收机技术的不断进步，其定位精度已达到毫米级。

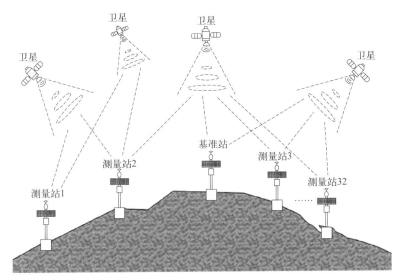

图 4-6　GNSS 测量原理

图 4-7　GNSS 监测站示意图

知识链接

　　GNSS 基准站用于向 GNSS 卫星发送信号，并收集 GNSS 卫星的信号反射和传播时间，从而计算出自身的位置、速度和时间信息。而 GNSS 测量站则用于接收 GNSS 卫星信号，并通过与 GNSS 接收机配合，计算出自身的位置信息。

（2）设备安装

GNSS 监测站主要由 GNSS 天线、太阳能电池板、主控制机箱（内有主控传输模块）和安装支架组成，分为基准站和测量站（图 4-8）。GNSS 监测站的基准站和测量站按一定数量比例进行布设，通常采用 1＋N 灵活组网布点方式，即一个基准站对应多个测量站，一个基准站最多对应 32 个测量站，常规版基准站与测量站之间的视距为 5km 以内，加强版的视距可达 30km（图 4-9）。其具有精度高、功耗低、性价比高、自动化、易于集成、可以连续长时间进行实时监测、安装便携等特点。测量站被精心布置在基准站的周围，形成一个以基准站为核心的监测网络，通过实时数据对比监测区地表形变。

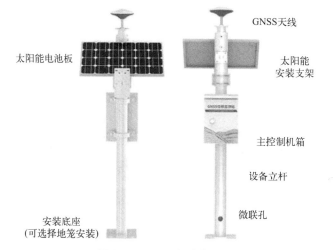

图 4-8　GNSS 监测站组成

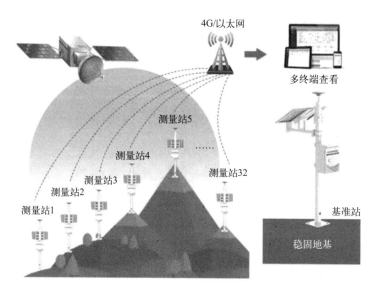

图 4-9　1＋N 灵活组网布点方式

3. 边坡地下水位

（1）监测说明：边坡地下水位自动化监测主要反映观测区域地下水位的变化量并总结其规律性。其测量工具是水位计（图 4-10 和图 4-11）。

(a) 钢尺水位计　　　　　　　　(b) 压力式水位计

图 4-10　水位计示意图

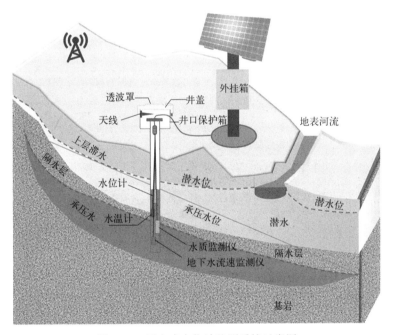

图 4-11　压力式水位计监测系统示意图

 知识链接

　　水位计是一种总线型水位计，由传感器主体和通信数据线组成，现场安装时用户还需准备限位钢丝绳 6～7mm、固定套环、安装套筒等部件，适用于测量各种环境下水位的变化，可以直接挂接系统进行数据自动采集。高智能水位计的量程有 30m、60m、100m、200m、300m 等，分辨率为 1mm～1dm。地下水水位监测系统由监测中心、通信网络、无线自动化采集系统、太阳能电池组和水位传感器五部分组成。该仪器不仅可用于施工期

间的临时监测，还可作为工程长期安全监测的关键设备。

（2）设备安装

水位计安装方法如表 4-9 所示。

水位计安装方法 表 4-9

序号	布设步骤	布设要点
1	水位计 安装前检验	（1）详细了解传感器的具体参数，熟悉读数仪的使用操作。 （2）将水位计与测试仪连接，按读数仪"开/关"键开机进行测量，检测传感器是否工作正常。 （3）检查限位钢丝、固定套环（不锈钢抱箍）和安装套筒（可用 PVC 管代替）是否齐全。 （4）检查传感器数量与导线长度是否正确。 （5）确定传感器在运输过程中是否损坏或丢失
2	安装时间确定	（1）清理好场地后，选择无雨雪天气预埋安装套筒。 （2）根据现场实际情况，如须测地下水位，需要在待测点钻孔，然后埋入安装套筒，套筒上需要有孔，保证水能够渗透进来
3	布点	根据设计方案进行测量，确定好水位计的安装孔位
4	安装套筒预埋	（1）测地下水位，则需要在预埋位置钻孔，孔径大小以大于 $\phi 80$ 为宜，钻孔偏差应小于 1.5%。 （2）无塌孔或缩孔现象存在，保证安装套筒能够顺利严实地放入孔中。 （3）套筒埋好后做好保护工作
5	安装前辅助工作	（1）根据水位计安装的深度，准备好安装水位计时所需的限位钢丝、可缩放的固定套环、适当导线长度的水位计及一桶清水。 （2）把将要安装的水位计浸泡在清水中。 （3）现场预热，熟练安装过程，用卷尺对限位钢丝进行测量，确定限位钢丝的长度，其总长应大于水位计安装深度 0.5m
6	安装	（1）先把将要安装的水位计从清水中提出，将传感器与读数仪连接进行测量，设置好传感器的自编号，手工记录好传感器此时的温度以及自编号。 （2）用读数仪对整个安装过程进行监测；在整个安装过程中，水位计安装深度由事先测量好的限位钢丝准确控制。 ①首先在水位计上端安装固定套环，在固定套环上连接好限位钢丝，将水位计下放到套筒中直到指定深度（注意：在下放水位计的过程中，不要让传感器碰到套筒壁，以免对传感器造成损坏；下放时尽量把导线和限位钢丝分开，让钢丝承受重量，避免钢丝和导线绞在一起而割破导线）； ②传感器安装到指定深度后，观察读数仪数据显示，确定水位安装后工作是否正常； ③记录好水位安装的深度、测点自编号、现场安装人员、日期和天气。 （3）确定水位计所读数据正常后，把限位钢丝绳的上端固定（固定方法根据现场实际情况而定），钢丝绳在电缆线超过 30m 的情况下，对电缆线起到很好的保护作用，尽量减少导线受力，防止长期使用导线被拉断。 （4）将水位计导线集中套上 PVC 钢丝软管进行保护，并挖槽将 PVC 钢丝软管从一侧引出。 （5）制作好相应标示牌，插在水位导线布置部位，以作标示。 （6）安排好专职人员负责看管，以防水位计导线因施工或自然因素而破坏

 知识链接

实际应用中由于大气压的变化会影响测量结果，所以水位计经常搭配气压补偿计一起使用，这样可以弥补大气压对测量结果的影响，提高测量精度。气压补偿计安装方法：一是先将需要安装的气压补偿计与读数仪连接，设置好自编号，并手工记录好此时的温度、

自编号以及压力值；然后将气压补偿计放入事先准备好的清水中浸泡，待稳定后用读数仪再次测量，看测量值是否发生变化，变化是否正常；上下移动气压补偿计在水中的位置，重复测量几次（注意：读数仪读数时不要移动气压补偿计）；确定气压补偿计有变化且变化正常后就可以进行安装了。二是在水位计的安装地点附近选择一阴凉干燥的地方，将气压补偿计固定悬挂在空气中即可；将气压补偿计的导线套上 PVC 钢丝软管进行保护，并挖槽将 PVC 钢丝软管引出；制作相应的标示牌。

以 SWJ-8090 型钢尺水位计（测程 30m，最小读数 1mm，重复性误差±2mm）为例，该水位计具有测程长、读数精确和重复性误差小的特点，适用于边坡地下水位的自动化监测。在观测时，操作人员须将水位计的探头沿水位管缓慢放下，当探头接触水面时，蜂鸣器会发出响声提示。此时需迅速读取孔口标志点处的测尺读数 a，重复一次读数操作，得到读数 b。取两次读数的平均值作为最终的观测值。通过比较本次观测值与上次观测值，可以得到水位的升降数值。再根据水位变化值绘制水位随时间的变化曲线，以及水位随边坡施工的变化曲线图，进而判断边坡顶部水位的变化情况。

4. 边坡挡墙倾斜

（1）监测说明：边坡挡墙倾斜自动化监测主要反映挡墙结构的倾斜角度及其变化量。其测量工具是倾角计。

知识链接

倾角计（图 4-12）广泛应用于桥梁、建（构）筑物等工程的倾斜度测量。由于倾角计输出为数字信号，可以实现远程自动化监测，并能以总线的形式进行串联通信，增加了在复杂环境

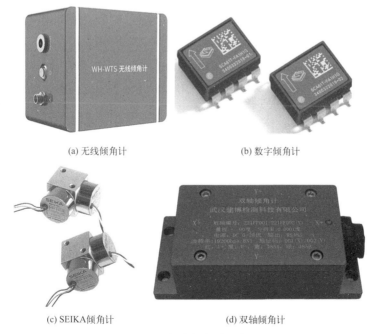

(a) 无线倾角计　　　　　　　(b) 数字倾角计

(c) SEIKA倾角计　　　　　　(d) 双轴倾角计

图 4-12　部分倾角计示意图

中的应用性。倾角计采用电容微型摆锤原理,其核心在于利用地球重力原理进行工作,当倾角单元倾斜时,地球重力在相应的摆锤上会产生重力的分量,相应的电容量会变化,通过对电容量处进行处理放大、滤波和转换之后得出倾角,再通过倾角换算为相应的水平位移量。

(2)设备安装

智能倾角计监测系统由监测云平台、智能采集终端和若干个监测点,通过安装支架、数据传输线缆及固定配件组成。安装方式分为平装式和侧装式两种方式,其安装要求如表4-10所示。

设备安装要求   表4-10

序号	安装名称	安装要求
1	系统安装	(1)确定监测点的位置并作好标记。 (2)在标记点进行固定螺钉的打孔作业。 (3)分别在各标记点通过安装支架及打膨胀螺栓的方式固定倾角计。 (4)连接信号输出线,调试验证
2	侧装式安装	(1)安装前须先确定安装点位,做好标识。 (2)各监测点通过安装支架及打膨胀螺栓的方式固定在侧面,尽可能保持水平安装,且安装方位保持一致(图4-13)
3	平装式安装	(1)安装前须先确定安装点位,做好标识。 (2)对于高速公路、硬化路面等混凝土硬化地基可直接通过安装支架及打膨胀螺栓的方式固定在平面上,对于野外等未做硬化地基的情况,须建造相对坚实的测量基台(图4-14)
4	信号线相连	用国标四芯铜线外屏蔽电缆线以串联形式将各倾角计连接,整个系统引出一根总线,接入至智能采集终端
5	控制要点	(1)倾角计尽可能水平,安装牢固,不能有抖动。 (2)所有倾角计安装方位保持一致。 (3)单根总线上倾角计地址号不能有重复

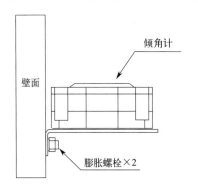

图4-13 侧装式安装螺栓固定示意图

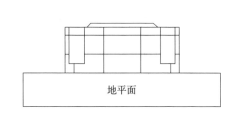

图4-14 平装式安装螺栓固定示意图

5.边坡土压力

(1)监测说明:边坡土压力自动化监测主要测量观测区域各特征部位的土压力理论分析值及沿深度分布规律。其测量工具是土压力计。

知识链接

土压力计（图 4-15）是一种用于测量土体内部压力的仪器。其原理基于地下土壤的应力分布和变化规律，通过传感器或压力传递装置将土壤的压力转化为电信号或机械运动，并通过数据采集系统记录和分析压力数据。土压力计适用于测量地基工程、隧道和地下结构、地下管道、土石坝、码头岸壁、挡土墙、公路、铁路等建筑基础与土体的压应力，是监测地下土压力变化的必备工具。

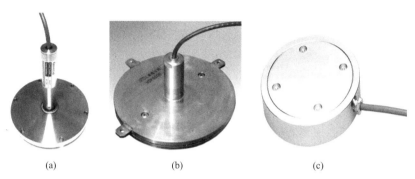

(a) (b) (c)

图 4-15 部分土压力计示意图

（2）设备安装

土压力计的安装方法如表 4-11 所示。

土压力计安装方法一览表 表 4-11

序号	名称	安装要求
1	选择合适安装位置	土压力计应安装在土体内的高应力区域,以准确测量土体内部的压力,同时考虑土体的结构特点和施工条件
2	预留安装孔	在选定位置上,需要预留一个钻孔或挖掘一个洞口,孔的大小应根据土压力计的尺寸和要求进行选择
3	安装土压力计	将土压力计安装到预留的孔内,确保其与孔壁接触紧密,并使用适当的密封材料填充孔隙,注意土压力计的方向和倾斜角度
4	连接数据采集系统	(1)将土压力计的数据传输线连接到数据采集系统,以便实时监测、记录和分析土压力数据。 (2)注意线缆的长度和布线方式
5	埋设土压力计	(1)在安装完成后,需要将土压力计埋设到土体内,以保护其免受外界干扰和损坏。 (2)可以使用适当的保护管道或套管,并填充土体以形成良好的支撑和密封(图4-16)
6	避免安装在风大的地方	避免在有风的地方安装土压力计,因为风会影响读数。
7	调整水平度	安装好后,需要调整土压力计的水平度,使用气泡和水平仪进行校正

注意事项：在安装和使用过程中，要避免碰撞和摔落等意外情况，定期清洁设备，保持干净卫生。如果设备出现故障或读数不准确，应及时停止使用并联系专业人员进行维修或更换部件。

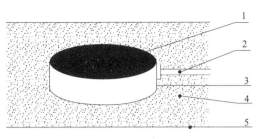

图 4-16　土压力计安装示意图

1—承压膜；2—导线；3—压力盒；4—细砂；5—地基

特殊情况下的安装方法：在混凝土建筑物基础与土基接触位置测定压应力时，需要在建筑物底板施工前安放土压力计，保证土基面平整、均匀和密实；对于已建好的建筑物底板处，可以采用挖洞坑的方式安装土压力计；此外，还有在混凝土防渗墙中埋设、在混凝土结构物表面安装、在混凝土结构物与土体接触界面埋设等方法（图 4-17）。

(a) 建筑物底板下　　　　　　　　(b) 地下管道侧壁

(c) 桩基础侧壁　　　　　　　　(d) 地下防渗墙内

图 4-17　土压力计安装举例

4.2.2　应用案例

下面以某项目边坡工程监测为例，完成边坡自动化监测实训任务。

1. 任务书（表 4-12）

2. 获取资讯

了解任务要求，收集边坡自动化监测工作过程资料，了解监测工具使用原理，学习操作监测工具使用说明书，掌握边坡监测技术应用。

边坡自动化监测实训任务书   表 4-12

任务背景	本次实训案例为边坡工程监测，现对图纸标注位置的各类观测点进行监测，监测内容详见任务描述
任务描述	（1）使用静力水准仪、GNSS、测斜仪、水位计等完成图示标注位置的各类观测点的沉降变化、水平位移、地下水位等内容的监测，正确处理测量过程中遇到的工况。 （2）测量任务完成后须进行各类监测数据的处理并绘制时程曲线，对边坡施工及后期稳定性监测过程中的相关异常工况进行处理
任务要求	学生需根据不同的监测项目内容选择相应的智能监测工具，完成任务描述中所述的工作任务，并对监测数据进行处理
任务目标	（1）掌握边坡工程的各类监测内容。 （2）掌握智能监测设备的使用方法及安装要求。 （3）正确处理工作任务中所遇到的各种工况
监测内容	自动化监测内容（监测工具）包括坡顶不均匀沉降（静力水准仪）、坡体表面水平位移（GNSS）、挡墙/坡顶建筑物倾斜度监测（倾角计）、地下水位监测（投入式水位计）以及土压力监测（土压力计）等
任务场景	满足沉降变化、水平位移、地下水位等内容的监测。其示例如下图所示。

引导问题 1：边坡自动化监测的主要内容包括哪些？

引导问题 2：边坡自动化监测使用的主要工具包括哪些？

引导问题 3：静力水准仪和 GNSS 的安装要求是什么？

引导问题 4：水位计和倾角计的安装要求是什么？

引导问题 5：在进行监测任务时，如果工具测量值存在明显误差，应如何处理？（　　　　）

A. 重新校正设备，再次测量　　　　　　B. 无须重复测量

C. 进行多次测量　　　　　　　　　　　D. 淘汰该设备

3. 工作计划

按照收集的资讯制定边坡工程监测任务实施方案，完成表 4-13。

边坡工程监测任务实施方案　　　　　　　　　　　　　表 4-13

步骤	工作内容	负责人

4. 工作实施

（1）选择合适的测量场景

（2）测量前准备工作记录（表 4-14）

测量前准备工作记录　　　　　　　　　　　　　表 4-14

类别	检查项	检查结果
设备检查	设备外观完好	
	正常开关机	
	设备电量满足使用时间	
	设备校正正常	
	设备在维保期限内	
个人防护	安全帽佩戴	
	工作服穿戴	
	劳保鞋穿戴	
环境检查	场地满足测量条件	
	施工垃圾清理	

（3）监测数据记录（表 4-15）

边坡监测数据记录表

表 4-15

项目名称				
监测单位				
监测部位		时间		
序号	监测内容	预警值	监测仪器	监测结果
1				
2				
3				
4				
…				
监测示意图				
测量员		审核员		
备注				

（4）工完料清、设备维护记录（表 4-16）

工完料清、设备维护记录表

表 4-16

序号	检查项	检查结果
设备维护	关闭设备电源	
	清理使用过程中造成的污垢、灰尘	
	设备外观完好	
	拆解设备，收纳保存	
施工环境	施工垃圾清理	

（5）工况处理（表 4-17）

监测工况处理记录表

表 4-17

序号	工况名称	发生原因	处理方法	备注

4.3 无损检测技术应用案例

4.3.1 基础知识

1. 无损检测技术概念

无损检测技术是在不破坏工程结构或质量的基础上，对工程结构质量、外观完整性、内在缺陷等进行检测技术的统称。它通过使用各种物理和化学方法，如 X 射线、超声波、激光和红外线等，来检测产品中的缺陷和异常。例如：X 射线可以穿透产品并显示内部的结构和缺陷；超声波可以在产品中传播并检测其内部缺陷；激光可以测量产品表面的微小变化，检测其质量和完整性。无损检测技术广泛应用于建筑工程、航空航天、汽车制造、电子设备等领域，其优点包括：一是无须破坏产品本身，可以快速检测产品的质量和完整性；二是可以实时监测产品的性能变化，预测其使用寿命；三是可以使用多种技术和方法进行检测，适应不同的产品和检测需求；四是可以自动化进行检测，提高效率和精度。

2. 套筒灌浆密实度无损检测

（1）套筒灌浆连接原理

套筒灌浆连接是在金属套筒内灌注水泥基浆料，将钢筋对接连接的连接方法。即将带肋钢筋插入套筒，向套筒内灌注无收缩或微膨胀的水泥基灌浆料，充满套筒与钢筋之间的间隙，灌浆料硬化后与钢筋的横肋和套筒内壁凹槽或凸肋紧密齿合，钢筋连接后所受外力能够有效传递。

例如，实际应用于竖向预制构件时，通常将灌浆连接套筒现场连接端固定在构件下端部模板上，另一端即预埋端的孔口安装密封圈，构件内预埋的连接钢筋穿过密封圈插入灌浆连接套筒的预埋端，套筒两端侧壁上灌浆孔和出浆孔分别引出一条灌浆管和出浆管通至构件外表面，预制构件成型后，套筒下端为连接另一构件钢筋的灌浆连接端。构件在现场安装时，将另一构件的连接钢筋全部插入该构件上对应的灌浆连接套筒内，从构件下部各个套筒的灌浆孔向各个套筒内灌注高强灌浆料，至灌浆料充满套筒与连接钢筋的间隙并从所有套筒上部出浆孔流出，灌浆料凝固后，即形成钢筋套筒灌浆接头，完成两个构件之间的钢筋连接。

该工艺适用于剪力墙、框架柱和框架梁纵筋的连接，是装配整体式混凝土结构的关键技术（图 4-18 和图 4-19）。

(a) 钢筋与套筒连接示意图

图 4-18 预制剪力墙钢筋与灌浆套筒连接示意图（一）

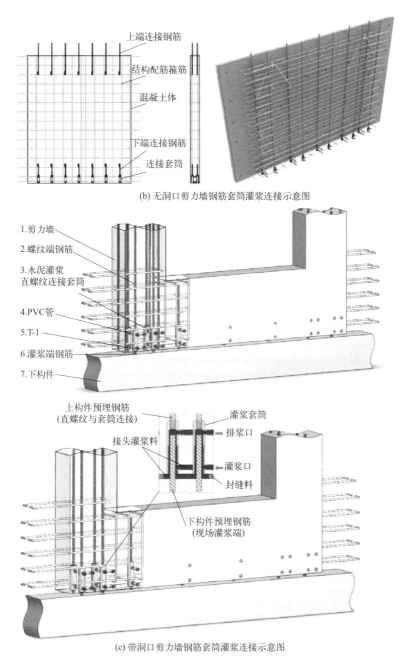

(b) 无洞口剪力墙钢筋套筒灌浆连接示意图

1.剪力墙
2.螺纹端钢筋
3.水泥灌浆直螺纹连接套筒
4.PVC管
5.T-1
6.灌浆端钢筋
7.下构件

上构件预埋钢筋
(直螺纹与套筒连接)
灌浆套筒
排浆口
接头灌浆料
灌浆口
封缝料
下构件预埋钢筋
(现场灌浆端)

(c) 带洞口剪力墙钢筋套筒灌浆连接示意图

图 4-18 预制剪力墙钢筋与灌浆套筒连接示意图（二）

（2）灌浆材料和灌浆套筒

灌浆料不应对钢筋产生锈蚀作用，结块灌浆料严禁使用。柱套筒注浆材料选用专用的高强无收缩灌浆料。

钢筋连接用灌浆套筒，是指通过水泥基灌浆料的传力作用将钢筋对接连接所用的金属套筒。按加工方式分类，灌浆套筒分为铸造灌浆套筒和机械加工灌浆套筒。按结构形式分类，灌浆套筒可分为全灌浆套筒和半灌浆套筒（图 4-20）。全灌浆套筒是指接头两端均采用灌浆方式连接钢筋的灌浆套筒；半灌浆套筒是指接头一端采用灌浆方式连接，另一端采用非灌浆

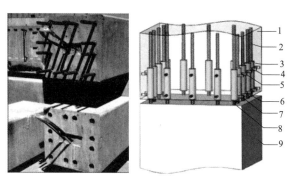

图 4-19　预制柱钢筋与灌浆套筒连接示意图

1—柱上端；2—螺纹端钢筋；3—水泥灌浆直螺纹连接套筒；4—出浆孔接头；
5—PVC 管；6—灌浆孔接头；7—PVC 管；8—灌浆端钢筋；9—柱下端

方式连接钢筋的灌浆套筒，通常另一端采用螺纹连接。半灌浆套筒按非灌浆一端的连接方式分类，可分为直接滚轧直螺纹灌浆套筒、剥肋滚轧直螺纹灌浆套筒和镦粗直螺纹灌浆套筒。其中，灌浆孔是指用于加注水泥基灌浆料的入料口，通常为光孔或螺纹孔；排浆孔是指用于加注水泥灌浆料时通气并将注满后的多余灌浆料溢出的排料口，通常为光孔或螺纹孔。

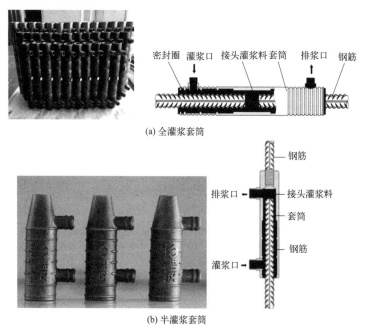

(a) 全灌浆套筒

(b) 半灌浆套筒

图 4-20　灌浆套筒示意图

（3）检测方法

钢筋套筒灌浆连接工作原理是基于套筒内灌浆料的较高抗压强度以及微膨胀特性，当灌浆料受到套筒约束作用时，灌浆料和套筒间产生较大正应力，与钢筋产生摩擦力并传递钢筋轴向应力。当灌浆料不密实，钢筋轴向应力传递将受到影响，将极大影响到结构的安全性。但在实际工程中，钢筋套筒灌浆作为一项隐蔽工程，其密实度常存在不饱满的问题，因此如何保证钢筋套筒连接的灌浆密实度是装配式混凝土结构施工质量控制的关键问题之一。

目前，套筒灌浆连接密实度检测可采用放射线法、超声波法、冲击回波法、探地雷达法、电阻率测量探头法、预埋钢丝拉拔法、阻尼振动法、预埋传感器法、AI 智能检测法等，如表 4-18 所示。

表 4-18

套筒灌浆连接密实度检测方法

序号	检测方法	检测特点
1	放射线法	(1)放射线具有较强的穿透性和直线性,可根据其在传播过程中的衰减、吸收和再生散射定律,将受到不同程度吸收的射线投射到 X 射线胶片上,经显影后获得与材料结构或缺陷相对应的不同图像,进而确定缺陷的种类、大小、数量和分布情况,判定缺陷的危害性和质量等级。 (2)大功率 X 射线技术在实验室内可以对各种布置形式的钢筋套筒实现无损检测,但由于检测设备过于庞大,且放射性非常高,对人体危害极大,现阶段无法实现工程现场的检测。 (3)小功率的便携式 X 射线机具备质量较小、放射性小、可应用于现场等优点,但受制于设备管电压、管电流及曝光时间等因素,对套筒居中或梅花形布置的 200mm 厚预制剪力墙套筒能够看到套筒外形、钢筋形态、接头部位及灌浆密实与非密实区,但对双排对称布置套筒、内叶墙布置的预制夹心保温剪力墙套筒则不能有效成像
2	超声波法	(1)是目前最常用的混凝土缺陷无损检测技术,已广泛应用于混凝土结构无损检测。 (2)在检测中,当超声波通过灌浆料具有脱空缺陷的钢筋套筒时,超声波会沿钢筋套筒外壁传播;当超声波通过灌浆料密实的钢筋套筒,其传播路径为套筒内部径向传播。 (3)通过超声波在钢筋套筒内的传播特性可对钢筋套筒内灌浆料的密实度进行检测。通过测得的超声波波速并借助于幅值,可以判断预埋在混凝土中与竖向钢筋连接的钢筋套筒密实度
3	冲击回波法	(1)采用相比超声波具有更大能量、穿透力更强、卓越频率分布更广且更适合频谱分析的冲击波进行检测。 (2)当注浆存在缺陷时,激振的弹性波在缺陷处会产生提前反射,同时弹性波绕过缺陷反射回来也会产生滞后反射,弹性波的滞后反射所用时间比注浆密实处长。接收器接收到反射的冲击回波后,利用频谱分析技术将时域数据转化为频域数据,然后确定回波的频率峰值
4	探地雷达法	(1)是一种用于对介质(如混凝土)本身及其内部物体(如钢筋、孔洞等)进行探测的无损检测技术。 (2)由雷达的发射天线向被探测介质的内部发射高频脉冲电磁波,在电磁属性有变化的地方就会使部分雷达波被反射回来,一部则发生散射,剩下的向内透射后继续传播。反射回波(如反射法探测时)或透射波(如透射法探测时)由接收天线接收,接收到的雷达信号经计算机和雷达专用软件处理后形成雷达图像,据此即可对介质及其内部结构(如介质厚度、分界面或缺陷的埋藏深度、大小、形状等)进行描述,从而达到对目标体探测的目的。 (3)在检测过程中,将雷达天线沿管道轴线移动并发射电磁波脉冲,通过接收电磁波的反射信号来测定管道内部的状况。 (4)与超声波相比,探地雷达法穿透力强、检测内容全面(裂缝、分层等缺陷),属于非接触性检测
5	电阻率测量探头法	(1)原理是利用空气和流砂、湿砂、干砂电阻率的接近程度确定灌浆饱满度。 (2)检测仪器包括电阻探头及测量仪,优点在于检测速度快、效率高、精度高、稳定性好、成本低等
6	预埋钢丝拉拔法	(1)原理是在套筒出浆口预埋高强钢丝,养护一段时间后,对预埋钢丝进行拉拔,通过拉拔荷载值判断灌浆饱满程度。 (2)检测仪器包括高强钢丝和拉拔设备,优点在于操作简便、成本低廉等
7	阻尼振动法	(1)原理是预先在灌浆套筒内埋设微型传感器,通过比较传感器在空气和灌浆料中振幅衰减的情况,判断套筒内灌浆料的饱满程度。 (2)检测设备包括灌浆饱满度检测仪及振动传感器,优点在于测试效率高、可靠性好、对结构无损伤等
8	预埋传感器法	应用于正式灌浆施工前,针对工艺检测使用的平行试件进行的套筒灌浆密实度检测,也可用于正式灌浆施工过程中的套筒灌浆密实度检测
9	AI 智能检测法	(1)完善的 AI 智能化检测,能将客户需求与采样、前处理、分析测试、数据处理和综合评价结果相结合,使之前孤立存在的检测信息的可视性提升到全新水平,实现预测性维护,自我优化流程改进,提升效率和客户响应能力。 (2)AI 智能检测系统包括 AI 视觉系统、AI 深度学习系统和 AI 边缘计算系统

3. 无损检测技术应用

下面以冲击回波法为例，介绍其检测技术要点。

（1）冲击回波法

① 应用范围

冲击回波法主要应用于检查混凝土的灌注质量，确保混凝土均匀且无空洞；测试表面开放裂缝的深度，评估裂缝对结构安全性的影响；检测钢筋密集区域中的裂缝、孔隙和蜂窝缺陷，及时发现并处理潜在的结构问题；测量混凝土结构的厚度，为工程设计和施工提供准确的数据支持。最大的特点是既可以快速定性测试，也能够实现缺陷定位，从而达到测试效率和精度的最优化。冲击回波法是单面反射测试，测试方便、快速、直观，且测一点即可判断一点。冲击回波仪主要由敲击器和接收器组成，并与计算机相连进行数据处理和分析（图 4-21）。

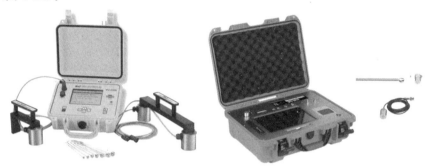

图 4-21　冲击回波仪示意图

② 检测系统

冲击回波法检测系统由冲击器、接收器、信息采集、频谱分析与计算等部分组成，共同完成整个检测工作。检测系统流程如图 4-22 所示，流程各环节特点如表 4-19 所示。

检测系统流程各环节特点　　　　　　　　　　　　　　表 4-19

序号	环节名称	流程环节特点
1	施加冲击	（1）在混凝土表面施加一瞬时冲击，产生一应力脉冲。 （2）冲击的力-时间曲线可以看成一个半周期正弦曲线。 （3）冲击持续时间（与混凝土表面的接触时间）决定了冲击试验所能检测的缺陷和厚度的尺寸。 （4）冲击持续时间应选择使得发生的脉冲所包含的波长大致等于或小于被探测缺陷或界面的横向尺寸及被测厚度的 2 倍（$2h$）的时间
2	信号接收	（1）由冲击所产生的响应由接收器接收。接收器由顶端的换能元件及内部放大器组成，通过电缆与系统主机相连（接收点应尽量靠近冲击点）。 （2）接收器的输出与表面垂直位移成比例，接收器底部的铝箔用来完成换能元件的电路联结和接收器与被测表面的声耦合。 （3）测量时首先调整好电脑和主机，然后将接收器对准接收点；按下接收器手柄，让锥形换能元件与冲击点表面接触，按下放大器开关，再用冲击器弹击试体表面，由冲击引起的混凝土表面位移响应被接收器顶端的换能元件接收，经放大后传到主机
3	信号采集	（1）主机的主要功能就是采集信号（波形），由接收器送来的位移响应波形由采样板采集并传输给计算机。 （2）采集波形中的各种参数由计算机预先设定。 （3）主机上有"衰减"和"电平" 2 个控制旋钮。"衰减"即衰减器，作用是把输入的波形幅度减小到合适大小，"电平"是调节触发点电平大小

续表

序号	环节名称	流程环节特点
4	频谱分析与计算	(1)由计算机完成,计算机既显示波形也进行傅里叶变换。 (2)频谱线上有一系列峰;计算机自动按从大到小顺序,确定这些峰所对应的频率值并按公式计算出相应厚度,并显示在屏幕上。 (3)通常最高的峰就是与厚度相应的峰
5	绘图打印	(1)冲击回波法绘图打印产生的波有三类,即与传播方向平行的纵波(P 波)、与传播方向垂直的横波(S 波)、沿固体表面传播的 Rayleigh 波(R 波)。 (2)三类波遇到波阻抗有差异的界面就发生反射、折射和绕射等现象。 (3)由传感器接收这些波后,通过频谱分析,将时间域内的信号转化到频率域,找出被接收信号同混凝土质量之间的关系,达到无损检测的目的

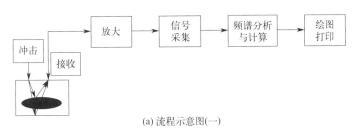

(a) 流程示意图(一)

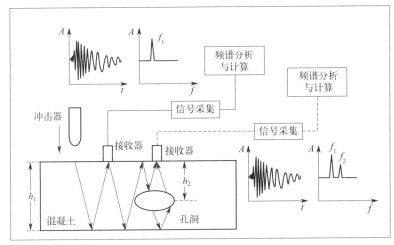

(b) 流程示意图(二)

图 4-22　检测系统流程示意图

 知识链接

　　冲击回波法检测原理是由弹性冲击产生的瞬时应力波理论（图 4-23）。由钢球短促敲击混凝土表面，产生低频应力波（80kHz 以下），该应力波进入结构内部传播并在缺陷或其他界面处产生反射。由应力波的反射引起的结构表面位移由敲击点附近的传感器逐一记录下来，产生电压-时间信号，即波形。经 FFT 变换到频率域就得到振幅-频率图（频谱）。频谱的峰值即波形的主导频率（主频），用其可以计算结构的厚度或缺陷的深度。出现在图中的波形以及在频谱中的主频，可以提供有关缺陷的深度或结构的尺寸（如路面厚度等）信息。对于实心体结构，主频提供的是结构厚度信息。假如存在缺陷，就会记录到

几个不同的关键频率，这些频率可以提供缺陷的定性和定量信息，定性信息包括缺陷的类型（如空洞、裂缝等），而定量信息则可能包括缺陷的大小、位置和深度等。

注：FFT 是离散傅里叶变换的一种高效算法，称为快速傅里叶变换（即 Fast Fourier Transform，简称 FFT）。

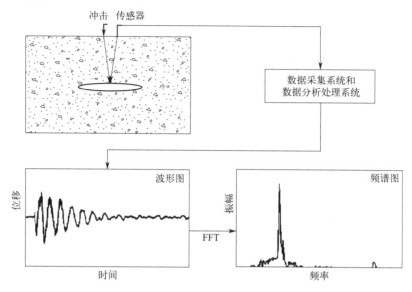

图 4-23 冲击回波法检测原理图

（2）套筒灌浆密实度检测

①适用范围

适用于单排或双排套筒灌浆检测，可对各种工况进行测试，特别是对注浆后成品结构进行检测。

②优缺点

优点是冲击弹性波操作便捷且测试效率高，测试结果以彩色云图方式呈现，能够清楚直观地反映套筒内部注浆情况。缺点是冲击弹性波分辨率较低，无法准确判断出钢筋套筒连接接头的缺陷区域及出浆口的细小缺陷；对于多排（超过 2 排）且无测试面的灌浆套筒，冲击回波法的检测效果受限，难以确保准确检测。

③检测原理

首先进行测试布线，即沿着套筒管道的上方或侧方，采用连续扫描的方式进行测试（包括激振和受信），通过分析反射信号的特性，来评估管道内灌浆的状况（图 4-24）。

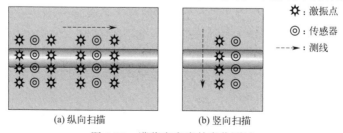

图 4-24 灌浆密实度的定位测试

其次根据在套筒和浆锚位置反射信号的存在与否以及剪力墙底面的反射时间的长短，可以判断灌浆是否存在缺陷以及缺陷的具体位置。当灌浆存在缺陷时，激振的弹性波在缺陷处会产生反射，反射时间会提前；激振的弹性波从构件对面反射回来所用的时间比灌浆密实的地方长（图 4-25）。

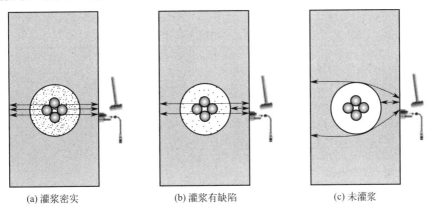

(a) 灌浆密实　　　　　(b) 灌浆有缺陷　　　　　(c) 未灌浆

图 4-25　灌浆密实度检测示意图

4.3.2 应用案例

下面以某装配式混凝土结构工程为例，完成套筒灌浆连接无损检测实训任务。

1. 任务书（表4-20）

套筒灌浆连接无损检测实训任务书 表 4-20

任务背景	本次实训案例为装配式混凝土结构工程,已完成主体结构施工,现对图纸标注位置的套筒灌浆密实度的相关指标进行自检,自检内容详见任务描述
任务描述	使用冲击回波法等手段对套筒灌浆密实度进行检测并填写相关记录
任务要求	学生须根据不同的套筒灌浆连接无损检测工作选择相应的智能检测工具,完成任务描述中所述的工作任务
任务目标	1. 熟练掌握装配式混凝土结构工程套筒灌浆检测的内容及验收标准。 2. 了解各检测方法的部件组成、功能划分、使用方法及操作规范
任务场景	满足表面平整度、垂直度、截面尺寸偏差和混凝土强度指标的检测,测量目标应为不带洞口且长度不大于3m的墙。 示例图: 装配式多层剪力墙结构平面图

2. 获取资讯

了解任务要求，收集套筒灌浆连接检测工作过程资料，了解套筒灌浆连接智能检测工具使用原理，学习智能检测工具使用说明书，按照套筒灌浆连接智能检测管理系统操作，掌握套筒灌浆连接智能检测技术应用。

引导问题1：套筒灌浆连接密实度检测方法有（　　　）。

A. 预埋传感器法　　　B. 预埋钢丝拉拔法　　　C. X 射线成像法

D. 冲击回波法　　　E. AI 智能检测法

引导问题2：套筒灌浆连接的原理是什么？

引导问题3：不同套筒灌浆连接密实度检测方法的特点是什么？

引导问题 4：冲击回波法智能检测系统由哪几部分构成？

引导问题 5：套筒灌浆密实度检测工作开始前，需进行哪些准备工作？（　　　　）

A. 个人防护用品佩戴　　　　　　　　B. 室内工作不需要佩戴防护用品

C. 确认检测位置　　　　　　　　　　D. 智能设备的校正与调试

E. 通知监理单位旁站监督　　　　　　F. 随机抽取检测位置

3. 工作计划

按照收集的资讯制定套筒灌浆连接密实度检测任务实施方案，完成表 4-21。

套筒灌浆连接密实度检测任务实施方案　　　　　　　　　　　　表 4-21

步骤	工作内容	负责人

4. 工作实施

（1）根据图纸，确定检测套筒的位置

（2）检测前准备工作记录（表 4-22）

套筒灌浆连接密实度检测准备工作记录表　　　　　　　　　　　表 4-22

类别	检查项	检查结果
设备检查	设备外观完好	
	正常开关机	
	设备电量满足使用时间	
	正常连接移动端	
	设备校正正常	
	设备在维保期限内	
个人防护	安全帽佩戴	
	工作服穿戴	
	劳保鞋穿戴	
环境检查	场地满足检测条件	
	施工垃圾清理	

（3）测量数据记录（表4-23）

套筒灌浆连接密实度检测报告　　　　　　　表 4-23

委托单位		工程名称	
监理单位		旁站监理员	
检测日期		报告日期	

套筒编号	预制构件名称	套筒所在构件编号	波形图	能量值所在位置	指示条显示颜色	密实度判定
结论	该工程样板间工艺检验,共检测_____个套筒的灌浆密实度,经检测合格率达到_____%					
说明	1. 检测依据:_____ 2. 检测环境温度:_____ 3. 灌浆密实度检测仪编号:_____,检定证书号:_____ 4. 需要说明的其他问题:_____					

（4）工完料清、设备维护记录（表4-24）

套筒灌浆连接密实度检测工完料清、设备维护记录表　　　　　表 4-24

序号	检查项	检查结果
设备维护	关闭设备电源	
	清理使用过程中造成的污垢、灰尘	
	设备外观完好	
	拆解设备,收纳保存	
施工环境	施工垃圾清理	

（5）工况处理（表4-25）

套筒灌浆连接密实度检测工况处理记录表　　　　　　表 4-25

序号	工况名称	发生原因	处理方法	备注

4.4　建筑结构监测应用案例

4.4.1　基础知识

1. 建筑结构监测

（1）基本概念

建筑结构监测一般借助建筑结构健康安全监测系统进行，通过安装在建筑结构上的监测设备，实时采集建筑结构的运行数据，如位移、沉降、倾斜、温湿度等参数，通过数据分析，及时发现潜在问题和隐患，从而提前预警，保障建筑的安全性和稳定性（图 4-26）。

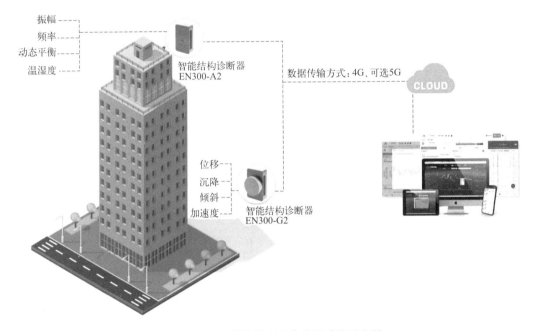

图 4-26　建筑结构健康安全监测系统示意图

一个完整的建筑结构健康安全监测系统通常由感知层传感器网络、数据采集单元、数据处理中心及监测终端组成，其特点如表 4-26 所示。监测系统中，感知层传感器的选择原则如表 4-27 所示。

建筑结构健康安全监测系统组成特点　　　　　　　　　　表 4-26

序号	名称	组成特点
1	感知层传感器网络	包括智能结构诊断器、建筑结构诊断器、北斗地基增强微基站等,负责实时监测建筑结构的各项指标(图 4-27)
2	数据采集单元	将传感器采集到的数据进行汇总,并传输至数据处理中心
3	数据处理中心	对收集来的数据进行存储、处理和分析,用于结构健康评估和预警
4	监测终端	接收数据处理中心的监测结果,向相关部门和工程人员提供实时的监测信息

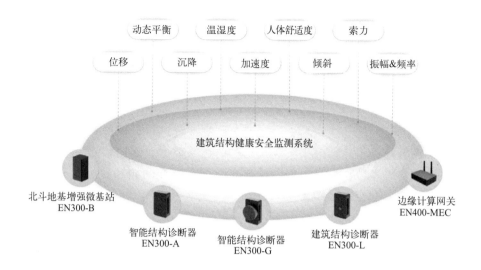

图 4-27　感知层传感器网络组成示意图

感知层传感器的选择原则

表 4-27

序号	名称	选择原则
1	稳定性	（1）长期监测用传感器必须具备长期稳定性，应保证在使用期限内传感器的量程、精度、线性度等指标不发生变化。 （2）避免由于传感器的变化带来安全评估的错误信息
2	适用性	传感器的选择应选取合适的量程、精度等指标，应根据实际情况选择合理的指标，以保证最优的性价比
3	耐久性	由于传感器在高层建筑的工作环境较为复杂，选择的传感器应该具有防雷、防尘、防潮等功能
4	先进性	由于高层建筑健康监测是长期的工作，选择的监测设备应该能在长时间内属于较为先进的测试手段，在测试技术上应保持一定的先进性
5	可更换性	测试传感器与采集设备的寿命难以与高层建筑平齐，设备存在坏的可能性，在选择设备及进行设备安装时应该考虑可更换性

知识链接

感知层：是物联网体系结构的底层，主要负责与物理世界进行交互，通过各种传感器和执行器来感知和控制环境中的各种参数。这些传感器可以测量温度、湿度、光照、气压等环境参数，也可以检测物体的位置、速度、方向等运动状态。执行器则负责根据上层指令对物理环境进行相应操作，如开关灯光、调节温度等。感知层的关键技术包括传感器技术、RFID技术、短距离无线通信技术等。

（2）位移变形监测

位移变形监测包括建筑竖直位移和倾斜变形。竖直位移一般可以采用静力水准仪对建筑竖直方向位移进行监测，主要是为了掌握建筑在竖直方向出现位移的情况；倾斜变形一般可以采用倾角仪进行监测，主要是为了掌握建筑倾斜变形变化。

①竖直位移监测

竖直位移监测采用静力水准仪，安装在建筑底部同一等高线位置，若底部没有安装条件，则安装在建筑顶部同一等高线位置。

以磁致式静力水准仪为例（图 4-28），其实施步骤为：安装位置确定—支架固定—传感器安装—安装连通管—灌入液体。其中支架固定时，由于磁致式静力水准仪安装要求相对较高，需要传感器安装高度趋于水平，尽可能使支架高度处于同一水平面，误差保持在 5cm 左右，可通过液管内水位高度变化寻找支架安装高度，然后再找点位固定支架。传感器安装时，将传感器固定在支架上，根据传感器高度的平行情况，通过调节螺杆升降高度保持水平，然后将传感器用液管串联起来，两台传感器末端用封闭液管进行堵塞（其他内容如前所述）。

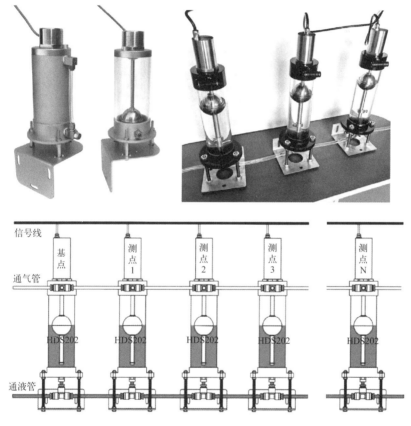

图 4-28　磁致式静力水准仪连接示意图

②倾斜变形监测

倾斜变形监测采用倾角仪，安装在建筑的四角部位（图 4-29）。

倾角仪的安装步骤包括确定监测构件位置和传感器固定，安装工具包括自攻螺钉、电钻（拧螺钉用）、电锤（现场钻孔用）、波纹管（保护外露线用）和记号笔（确定钻孔位置用）。安装时支座靠墙上时传感器安装面与地面平行，用记号笔标记支座安装孔位置，钻好标记孔位置后将带传感器的支座固定到构件上，传感器需正面朝上（图 4-30）。

143

图 4-29　倾角仪示意图

图 4-30　倾角仪安装示意图

2. 高支模监测

（1）基本概念

高支模是指危险性较大的分部分项工程中混凝土模板支撑工程，其搭设高度≥5m、搭设跨度≥10m、施工总荷载≥10kN/m²、集中线荷载≥15kN/m以及高度大于支撑水平投影宽度且相对独立无联系构件的混凝土模板支撑工程（图4-31）。

图 4-31　高支模示意图

高支模监测系统是一种采用现代传感器技术、通信技术和数据处理技术，对高支模系统的结构变形、应力应变等参数进行实时监测和分析的系统（图4-32）。通过实时监测，系统可以及时发现高支模结构中的安全隐患，为施工人员提供预警，从而避免或减少施工事故的发生。

高支模监测系统主要由传感器、数据采集器、数据传输设备和数据处理软件等组

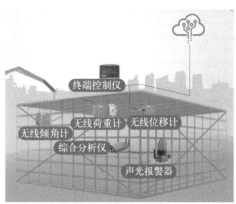

图 4-32　高支模监测系统示意图

成。传感器负责实时监测高支模系统的各项参数，如位移、变形、应力等；数据采集器负责将传感器采集的数据进行汇总和预处理；数据传输设备将处理后的数据实时传输到数据处理中心；数据处理软件对接收到的数据进行进一步分析，提取出有用的信息，为施工人员提供预警和决策支持。现场监测项目包括高支模水平位移、模板沉降、立杆倾斜和立杆轴力，分别采用位移传感器、拉线位移计、倾角仪和轴压传感器进行监测（图 4-33）。

(a) 位移传感器

(b) 拉线位移计

(c) 倾角仪

(d) 轴压传感器

图 4-33　监测用传感器种类

（2）高支模监测

高支模监测包括水平位移监测、模板沉降监测、立杆倾斜监测和立杆轴力监测，其安装位置及注意事项如表 4-28 所示。

高支模监测注意事项　　　　　　　　表 4-28

序号	监测名称	监测设备	安装位置	注意事项
1	水平位移监测	位移传感器	安装在支模边缘顶部、立杆和横杆处	（1）水平位移监测的基准点应选择在不受模板支撑系统影响的稳固可靠的位置，设备安装需要使用专用扣件，确保设备安装稳固。 （2）支架的整体水平位移采用位移传感器进行监测，且应符合下列规定：一是无剪刀撑的支架，设置在支架顶层；二是有剪刀撑的支架，设置在单元框架上部 1/2 高度处（图 4-34）
2	模板沉降监测	拉线位移计	安装在关键部位或薄弱部位，如模板底部、支模边缘顶部等	（1）安装时使传感器线头垂直向下，拉出约 100mm，用钢丝线与下部固定螺钉相连，注意钢丝拉力不要过大，不能与支撑体系相接。 （2）基准点可选择监测点下方坚固的支承面或基准桩作为基准点，同时拉线应保持垂直紧绷，不得影响现场的正常施工（图 4-35）
3	立杆倾斜监测	倾角仪	安装在支撑体系的特征点处，如支撑体系四角、长边中点等，以及其他根据施工现场特点需要重点关注的部位	（1）设备埋设需要使用专用扣件，确保传感器安装稳固。 （2）倾角传感器安装前，先按照安装位置和测量倾斜角的方向，打磨安装部位，使其表面尽量平整。 （3）检查传感器完好后，将安装支架固定在被测物的打磨部位，把倾角传感器固定在安装支架上，调整安装支架的定位螺钉，使传感器的轴线尽量垂直，然后连接读数仪将初始测值调整接近零点（图 4-36）
4	立杆轴力监测	轴压传感器	安装在顶托与模板底梁之间或选择受力较为集中部位等有代表性的位置	（1）由于布设于顶托底部，需要对安装位置进行清理，并在钢管与传感器之间垫钢板，钢板厚度不应小于 10mm。 （2）安装轴压传感器在顶托与模板底梁之间，上紧顶托，立杆顶托与模板底梁需平整，可与传感器上下两边紧贴，使轴压传感器与立杆、模板受力在同一条垂直线上。 （3）安装轴压传感器时应通过调节可调托撑对轴压传感器施加一定压力，以固定轴压传感器，并确保接触紧密。 （4）安装完成须确保所在的立杆与模板和传感器均密切接触，避免悬空（图 4-37）

3. 智能监测系统

（1）基本概念

智能监测系统是指利用物联网、大数据、云服务等技术，搭配综合传感器、智能网关，集合安全实时监测、智能分析和安全预警功能为一体的建筑安全监测系统，实现 7×24h 毫米级自动化监测，实现监测者及时了解建筑健康状况，有效实现建筑安全预警。

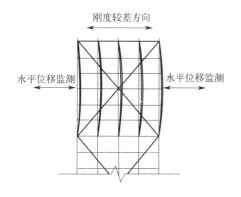

图 4-34 有剪刀撑水平位移监测示意图

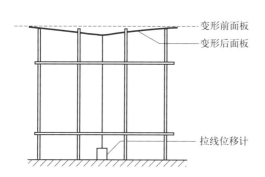

图 4-35 拉线位移计安装示意图

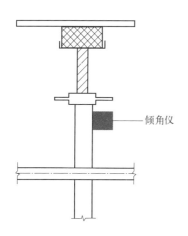

图 4-36 倾角仪安装示意图

（2）系统组成

智能监测系统包括感知层、网络层和应用层（图 4-38），系统工作内容如表 4-29 所示。

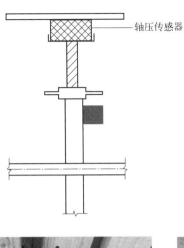

轴压传感器

图 4-37　轴压传感器安装示意图

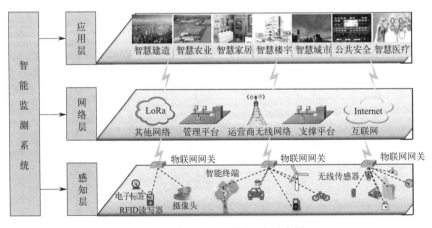

图 4-38　智能监测系统组成示意图

智能监测系统工作内容

表 4-29

序号	系统名称	系统工作内容
1	感知层	感知层主要完成的工作包括传感器选型与布点、现场总线布设、采集设备组网等
2	网络层	一般采用两种远距离传输方式：一种是将采集到的数据利用分组数据网络通过 DTU 进行远程无线传输；另一种通过现场监测将数据借助有线网、在线网、专网等互联网介质进行传输

序号	系统名称	系统工作内容
3	应用层	(1)应用层的工作分为结构物服务和用户服务两个层次。 (2)在结构物服务层实现数据中心容灾,即使出现停电、故障等情况,数据依然能够正常接收、计算和存储,保证了数据和系统应用的稳定可靠。 (3)用户服务层包括数据查询、数据分析、报表推送、预告警、三方数据接口等智能化应用

 知识链接

网络层：是物联网体系结构的中间层，主要负责将感知层采集到的数据传输到应用层进行处理，包括各种有线和无线网络技术，如互联网、移动通信网、卫星通信网等。

应用层：是物联网体系结构的顶层，主要负责将网络层传输来的数据进行处理和应用，包括各种数据处理技术、云计算技术、大数据技术等，以及基于这些技术开发的各种物联网应用，如智慧家居、智慧交通、智慧农业、智慧医疗等领域应用。

DTU（Data Transfer Unit）：是一种数据传输单元，用于实现数据的采集、传输和处理。通常由硬件设备和软件组成，可以将传感器、仪表等设备采集到的数据通过无线通信技术传输到云端服务器或监控中心。DTU 可以支持多种通信方式，如 2G/3G/4G、以太网、Wi-Fi 等。

容灾：是指组织或企业在遭受重大自然灾害、人为破坏、网络攻击等突发事件时，能够快速有效地恢复业务运营的能力。容灾包括数据备份和恢复、应用程序备份和恢复、系统备份和恢复、备用设备和备用场所的准备、灾难恢复计划的制定和测试等方面。其中数据容灾是容灾的一个重要方面，它涉及将重要数据备份到备用存储设备或云存储中，以确保在灾难发生时能够快速恢复数据。

4.4.2 应用案例

下面以某项目高支模安全监测为例，完成建筑结构高支模监测实训任务。

1. 任务书（表 4-30）

建筑结构高支模监测实训任务书 表 4-30

任务背景	本实训案例为高支模安全监测，现对图纸标注位置进行监测，监测内容详见任务描述
工程概况	某工程基础为柱下独立基础和筏形基础，上部为框架剪力墙结构。基础混凝土强度等级为 C30，主体结构混凝土强度等级为 C40。根据本工程模板支撑专项施工方案，模板支撑搭设高度超过 8m、梁跨度搭设超过 18m，施工部位主要涉及纵向 38.4m、横向 39.2m 和纵向 28.9m、横向 53.2m 屋面结构。结合《危险性较大的分部分项工程安全管理规定》(建办质〔2018〕37 号)文件规定，"搭设高度 8m 及以上""搭设跨度 18m 及以上"为"超过一定规模的危险性较大的分部分项工程范围"。因此本工程的混凝土施工需要按照超过一定规模的危险性较大分部分项工程进行施工控制，需要对以上两种屋面工程进行高支模监测
任务描述	(1)使用电子水准仪、自动全站仪和倾角传感器完成图纸所示支架的沉降变化、水平位移和倾角变化的监测。 (2)测量任务完成后须进行各类监测数据的处理并绘制时程曲线。 (3)对高支模施工过程中的相关异常工况进行处理
任务要求	学生须根据监测项目内容选择相应的智能监测工具，完成任务描述对应的工作任务，并对监测数据进行处理
任务目标	(1)掌握高支模工程各类监测内容。 (2)掌握智能监测工具的部件组成、使用方法及操作规范。 (3)正确处理各类监测数据。 (4)正确处理工作任务中遇到的各种工况
监测要求	在混凝土浇筑过程中应实时监测，一般监测频率为 20～30min 一次，在混凝土实凝前后和混凝土终凝前至混凝土 7d 龄期应实施实时监测，终凝后的监测频率为每天一次
任务场景	满足支架水平位移、模板沉降、立杆倾斜、立杆轴力的监测。 示例图： 压力计 位移计 倾角仪 拉线位移计

2. 获取资讯

了解任务要求，收集高支模监测工作过程资料，了解智能监测工具使用原理，学习操作智能监测工具使用说明书，掌握高支模监测技术应用。

引导问题 1：建筑结构健康安全监测系统包括哪些？

引导问题2：位移变形监测使用的主要工具及监测目的是什么？

引导问题3：磁致式静力水准仪的安装步骤是什么？

引导问题4：高支模监测系统由哪几部分组成？监测内容包括哪些？

引导问题5：（多选）高支模监测数据超过预警值时正确的处理方法是（   ）。

A. 立即停止浇筑混凝土

B. 继续浇筑混凝土

C. 疏散人员

D. 及时进行加固处理

3. 工作计划

按照收集资讯制定高支模监测任务实施方案，完成表4-31。

高支模监测任务实施方案   表4-31

步骤	工作内容	负责人

4. 工作实施

（1）根据图纸，选择测量场景

（2）测量前准备工作记录（表 4-32）

测量前准备工作记录 表 4-32

类别	检查项	检查结果
设备检查	设备外观完好	
	正常开关机	
	设备电量满足使用时间	
	设备校正正常	
	设备在维保期限内	
个人防护	安全帽佩戴	
	工作服穿戴	
	劳保鞋穿戴	
环境检查	场地满足测量条件	
	施工垃圾清理	

（3）监测数据记录（表 4-33）

高支模监测数据记录表 表 4-33

项目名称				
监测单位				
监测部位		时间		
序号	监测内容	预警值	监测仪器	监测结果
1				
2				
3				
4				
...				
监测示意图				
测量员		审核员		
备注				

（4）工完料清、设备维护记录（表 4-34）

高支模监测工完料清、设备维护记录表　　　　表 4-34

类别	检查项	检查结果
设备维护	关闭设备电源	
	清理使用过程中造成的污垢、灰尘	
	设备外观完好	
	拆解设备，收纳保存	
施工环境	施工垃圾清理	

（5）工况处理（表 4-35）

高支模监测工况处理记录表　　　　表 4-35

序号	工况名称	发生原因	处理方法	备注

学习启示

智能建造管理可以通过数据分析和预测，及时发现和解决问题。一是可以自动收集、整合和分析大量的管理数据，通过对数据进行挖掘和建模，快速识别出潜在的故障点和问题，并给出相应的解决方案；二是智能建造管理可以通过自动化和自愈来提高系统的稳定性，实现诸如自动巡检、自动化测试、自动修复等功能，大大减少了人为因素对系统稳定性的影响，提高了系统的可靠性和可用性；三是智能建造管理通过对大量的管理数据进行分析和挖掘，可以获取更全面、准确的管理信息，为管理决策提供有力的依据。党的二十大报告指出，建设现代化产业体系，推进新型工业化，加快建设制造强国、质量强国、航天强国、交通强国、网络强国、数字中国。运用数字技术，赋能"中国制造""中国建造"，是落实党的二十大精神，实现中国式现代化的"国之大者"。

小结

智能建造管理应用案例包括智慧工地管理应用案例、边坡自动化监测应用案例、无损检测技术应用案例和建筑结构监测应用案例。要求学习者能够进行智能监测数据分析和智能监测异常工况处置；能够进行边坡自动化监测技术的应用、监测数据处理以及异常工况处置；能够使用无损检测技术对混凝土结构和灌浆连接套筒进行无损检测、数据分析以及异常工况处置；能够根据建筑和高支模相关信息判断监测项目，并能根据监测项目正确使用监测仪器。

习题

1. 简述智慧工地的概念与关键技术。
2. 智慧工地施工管理的本质是什么？
3. 边坡自动化监测内容包括哪些？
4. 简述无损检测技术的概念。
5. 简述套筒灌浆连接原理。
6. 冲击回波法的应用范围和检测系统包括哪些内容？
7. 简述建筑结构监测的概念。
8. 位移变形监测包括哪些内容？
9. 感知层传感器的选择原则是什么？
10. 高支模监测的概念和监测系统的组成是什么？

参 考 文 献

[1] 中华人民共和国住房和城乡建设部. 混凝土结构工程施工质量验收规范：GB 50204—2015 [S]. 北京：中国建筑工业出版社，2015.

[2] 中华人民共和国住房和城乡建设部. 装配式混凝土结构技术规程：JGJ 1—2014 [S]. 北京：中国建筑工业出版社，2014.

[3] 住房和城乡建设部住宅产业化促进中心. 装配式混凝土结构技术导则 [M]. 北京：中国建筑工业出版社，2015.

[4] 《装配式混凝土结构工程施工》编委会. 装配式混凝土结构工程施工 [M]. 北京：中国建筑工业出版社，2015.

[5] 济南市城乡建设委员会建筑产业化领导小组办公室. 装配整体式混凝土结构工程施工 [M]. 北京：中国建筑工业出版社，2015.

[6] 济南市城乡建设委员会建筑产业化领导小组办公室. 装配整体式混凝土结构工程工人操作实务 [M]. 北京：中国建筑工业出版社，2015.

[7] 国务院办公厅. 关于大力发展装配式建筑的指导意见：国办发〔2016〕71 号 [A/OL]. （2016-09-27）[2024-05-23]. https：//www. gov. cn/gongbao/content/2016/content_5120699. htm.

[8] 中华人民共和国住房和城乡建设部. "十四五"建筑业发展规划 [EB/OL]. （2022-01-25）[2024-05-23]. https：//www. gov. cn/zhengce/zhengceku/2022-01/27/5670687/files/12d50c613b344165afb21bc596a190fc. pdf.

[9] 中华人民共和国住房和城乡建设部等. 住房和城乡建设部等部门关于推动智能建造与建筑工业化协同发展的指导意见：建市〔2020〕60 号 [EB/OL]. （2020-07-03）[2024-05-23]. https：//www. gov. cn/zhengce/zhengceku/2020-07/28/content_5530762. htm.

[10] 张波. 建筑产业现代化概论 [M]. 北京：北京理工大学出版社，2016.

[11] 肖明和，苏洁. 装配式建筑混凝土构件生产 [M]. 2 版. 北京：中国建筑工业出版社，2023.

[12] 肖明和，张蓓. 装配式建筑施工技术 [M]. 2 版. 北京：中国建筑工业出版社，2023.

[13] 住房和城乡建设部科技与产业化发展中心. 中国装配式建筑发展报告（2017）[M]. 北京：中国建筑工业出版社，2017.

[14] 中华人民共和国住房和城乡建设部. 装配式钢结构建筑技术标准：GB/T 51232—2016 [S]. 北京：中国建筑工业出版社，2017.

[15] 中华人民共和国住房和城乡建设部. 装配式混凝土建筑技术标准：GB/T 51231—2016 [S]. 北京：中国建筑工业出版社，2017.

[16] 叶明. 装配式建筑概论 [M]. 北京：中国建筑工业出版社，2018.

[17] 肖明和，王婷婷. 装配式建筑概论 [M]. 2 版. 北京：中国建筑工业出版社，2023.

[18] 沙玲，魏春石. 智能建造导论 [M]. 北京：中国建筑工业出版社，2023.

[19] 肖绪文. 智能建造务求实效 [N]. 中国建设报，2021-04-05.

[20] 杜修力，刘占省，赵研. 智能建造概论 [M]. 北京：中国建筑工业出版社，2021.

[21] 刘文峰，廖维张，胡昌斌. 智能建造概论 [M]. 北京：北京大学出版社，2021.

[22] 毛超，刘贵文. 智慧建造概论 [M]. 重庆：重庆大学出版社，2022.

[23] 山东省住房和城乡建设厅. 山东省住房和城乡建设厅关于印发《全省房屋建筑和市政工程智慧工地建设指导意见》的通知：鲁建质安字〔2021〕7 号 [R].

[24] 《中国建筑业信息化发展报告（2021）智能建造应用与发展》编委会. 中国建筑业信息化发展报告（2021）智能建造应用与发展 [M]. 北京：中国建筑工业出版社，2021.

［25］ 赵研.智能建造工程技术应用案例［M］.北京：中国建筑工业出版社，2024.

［26］ 肖明和，王启玲.智能建造概论［M］.大连：大连理工大学出版社，2024.

［27］ 国家市场监督管理总局，国家标准化管理委员会.智能工厂 通用技术要求：GB/T 41255—2022［S］.北京：中国标准出版社，2022.

［28］ 丁烈云.数字建造导论［M］.北京：中国建筑工业出版社，2019.

［29］ 袁烽，门格斯.建筑机器人——技术、工艺与方法［M］.北京：中国建筑工业出版社，2019.